计算机软件开发技术与生命周期研究

陈家宇　郭岗磊　李高杰　著

吉林科学技术出版社

图书在版编目（CIP）数据

　　计算机软件开发技术与生命周期研究 / 陈家宇，郭岗磊，李高杰著. -- 长春：吉林科学技术出版社，2019.12

　　ISBN 978-7-5578-6141-4

　　Ⅰ．①计… Ⅱ．①陈… ②郭… ③李… Ⅲ．①软件开发－研究 Ⅳ．① TP311.52

　　中国版本图书馆 CIP 数据核字（2019）第 232581 号

计算机软件开发技术与生命周期研究

著　　者	陈家宇　　郭岗磊　　李高杰
出 版 人	李　梁
责任编辑	端金香
封面设计	刘　华
制　　版	王　朋
开　　本	185mm×260mm
字　　数	230 千字
印　　张	10.25
版　　次	2019 年 12 月第 1 版
印　　次	2019 年 12 月第 1 次印刷
出　　版	吉林科学技术出版社
发　　行	吉林科学技术出版社
地　　址	长春市福祉大路 5788 号出版集团 A 座
邮　　编	130118
发行部电话/传真	0431—81629529　　81629530　　81629531
	81629532　　81629533　　81629534
储运部电话	0431—86059116
编辑部电话	0431—81629517
网　　址	www.jlstp.net
印　　刷	北京宝莲鸿图科技有限公司
书　　号	ISBN 978-7-5578-6141-4
定　　价	54.00 元

版权所有　翻印必究

前　言

信息技术的发展进入了蓬勃发展的时期，作为信息技术的支柱——软件，在目前社会无处不在，计算机、通信、工业控制、仪器仪表、智能家电等设备都离不开软件。然而由于软件缺陷或错误造成的系统死机或崩溃，经常会造成难以弥补的损失，这种现象随处可见。而且和硬件相比，软件更是集中了大量的人工智力劳动成果，软件危机从20世纪70年代就开始出现并且一直持续，世界各国对软件人才的需求越来越大。设计与开发软件无形中成为一个范围非常广泛的工作，培养软件人才也成为社会的必然选择。

计算机科学技术的发展不仅极大地促进了科学技术的发展而且明显地加快了经济信息化和社会信息化的进程。在计算机科学技术中，软件系统起到了核心作用。软件编制的好坏直接影响软件系统质量和正确性。经验表明，许多重大项目失败是软件编制问题所造成的，软件程序设计既抽象又具体。说它"抽象"是因为要操作那些看不见摸不着的数据（位、字节、类型和其他数据结构）；说它"具体"是因为一切细节都要符合计算机提供的规定和规则，软件开发人员不但要具备数学研究的抽象思维能力及系统科学的发展观，还要有艺术工作者熟练娴熟的技巧和丰富的经验。当代软件开发工程发展正面临着从传统的结构化开发方法向面向对象、面向组件、面向软件体系结构的转移，这需要有新的开发工具（语言）、新的开发环境（系统）和新的方法的支持。可以说，计算机技术已深入到人类生活的各个角落，它与其他学科紧密结合，推动着各学科的飞速发展。

本书共分为八章，在第一章中对软件的发展现状与趋势进行了分析；在第二章中对软件体系结构进行了分析；在第三章中对软件生命周期进行了阐述；在第四章中对软件工程进行了分析；在第五章中对软件开发模型与方法进行了分析；在第六章中对软件测试进行了分析；在第七章中对软件质量保证进行了阐述；在第八章中对软件保护进行了分析。

为了确保研究内容的丰富性和多样性，在写作过程中参考了大量理论与研究文献，在此向涉及的专家学者们表示衷心的感谢。

最后，限于作者水平，加之时间仓促，本书难免存在疏漏和不足，在此，恳请同行专家和读者朋友批评指正！

目 录

第一章　绪　论……………………………………………………………… 1
　　第一节　软件的发展现状与趋势…………………………………………… 1
　　第二节　现有软件标准……………………………………………………… 11
　　第三节　现代软件设计与软件架构………………………………………… 18
　　第四节　软件与程序………………………………………………………… 20

第二章　软件体系结构……………………………………………………… 23
　　第一节　软件体系结构概述………………………………………………… 23
　　第二节　软件体系结构建模概述…………………………………………… 25
　　第三节　"4+1"视图模型…………………………………………………… 27
　　第四节　软件体系结构的核心模型………………………………………… 29
　　第五节　常见软件体系结构风格…………………………………………… 30

第三章　软件生命周期……………………………………………………… 39
　　第一节　软件生命周期概述………………………………………………… 39
　　第二节　软件生命周期模型………………………………………………… 45

第四章　软件工程…………………………………………………………… 61
　　第一节　基于搜索的软件工程开发技术…………………………………… 61
　　第二节　大数据时代软件工程开发技术…………………………………… 67
　　第三节　云计算时代软件工程开发技术…………………………………… 71

第五章　软件开发模型与方法……………………………………………… 81
　　第一节　软件开发模型……………………………………………………… 81
　　第二节　软件开发方法……………………………………………………… 85

第六章　软件测试…………………………………………………………… 94
　　第一节　软件测试概述……………………………………………………… 94
　　第二节　软件测试的阶段…………………………………………………… 101

第三节　软件测试管理与实践 ··· 108

第七章　软件质量保证 ··· 116
　　第一节　软件质量概述 ··· 116
　　第二节　软件质量的理论 ··· 126
　　第三节　SQA 的工作内容与工作方法 ································· 130
　　第四节　SQA 的素质 ··· 132
　　第五节　正式技术评审 ··· 132
　　第六节　质量保证与检验 ··· 133

第八章　软件保护 ··· 137
　　第一节　软件保护概述 ··· 137
　　第二节　软件保护中的计算机保护 ····································· 151

参考文献 ··· 157

第一章 绪 论

我国经济发展迅速,为计算机技术的进步和创新奠定了坚实的经济基础,也促进了计算机的推广和应用。计算机技术的广泛应用,改变了人们的生活方式,促进了技术的不断创新,从而更好地服务于社会。计算机软件开发技术在计算机技术中起着关键作用,在计算机的发展中占据非常重要的位置。本章将对软件的发展现状与趋势、现有软件标准、现代软件设计与软件架构以及软件与程序等内容进行阐述。

第一节 软件的发展现状与趋势

一、软件的概述

(一)软件的基本认识

软件是计算机系统中与硬件相互依存的另一部分,它是包括程序、数据及其相关文档的完整集合。其中,程序是按事先设计的功能和性能要求执行的指令序列;数据是使程序能正常操纵信息的数据结构;文档是与程序开发、维护和使用有关的图文材料。软件是各种程序的总称,广义地说,"软件"泛指程序、运行时所需的数据以及程序的有关文档资料。

1. 软件的分类

计算机的软件系统是指为使用计算机而编制的程序和有关文件。软件系统有3种类型:系统软件、应用软件和支撑软件。

(1)系统软件

系统软件分为操作系统软件与计算机语言翻译系统软件这两部分,包括以下4种程序。

①操作系统软件:操作系统软件是由一组控制计算机系统并对其进行管理的程序组成,它是用户与计算机硬件系统之间的接口,为用户和应用软件提供了访问与控制计算机硬件的桥梁。

②各种语言翻译系统:各种程序设计语言,如汇编语言、C、Java等高级语言所编写的源程序,计算机不能直接执行源程序,必须经过翻译,这就需要语言翻译系统。

③系统支撑和服务程序:这些程序又称为工具软件,如系统诊断程序、调试程序、排

错程序、编辑程序、查杀病毒程序等，都是为维护计算机系统的正常运行或支持系统开发所配置的软件系统。

④数据库管理系统：主要用来建立存储各种数据资料的数据库，并进行操作和维护。

（2）应用软件

为解决各类实际问题而设计的软件称为应用软件。按照其服务对象，一般分为通用的应用软件和专用的应用软件。通用的应用软件一般是为了解决许多人都会遇到的某一类问题而设计的，包括文字处理（Word processor）、电子表格（Spreadsheet）、数据库管理（Database）、辅助设计与辅助制造（CAD&CAM）、计算机通信与网络（communication & network）等软件。

专用的应用软件是专为少数用户设计的、目标单一的应用软件，如某机床设备的自动控制软件、用于某实验仪器的数据采集与数据处理的专用软件和学习某门课程的辅助教学软件等。

（3）支撑软件

支撑软件是支撑软件开发、运行和维护的软件。传统的支撑软件以工具软件为主，包括建模工具、语言工具、开发工具、测试工具、版本维护工具等。随着网络技术的发展，网络应用软件需求促进了基于网络中的软件和基础架构平台软件的发展，这些软件用于支撑各种网络应用的开发、部署、运行、集成、管理、安全和维护，应属于支撑软件的范畴。

2. 软件的特点

①软件模型有更强的表达能力、更符合人类的思维模式，属于人类抽象层次的一种，是一种逻辑实体，而不是物理实体。软件是对客观世界中问题空间与解空间的具体描述，是客观事物的一种反映，是知识的提炼和"固化"。

②软件的生产与硬件不同，它没有明显的制造过程。对软件的质量控制，必须着重在软件开发方面下功夫。

③在软件的运行和使用期间，没有硬件那样的机械磨损、老化问题。然而它存在退化问题，必须对其进行多次修改与维护。

④软件的开发和运行常常受到计算机系统的制约，对计算机系统有着不同程度的依赖性。为了解除这种依赖性，在软件开发中提出了软件移植的问题。

⑤软件的开发至今尚未完全摆脱手工艺的开发方式。

⑥软件本身是复杂的。软件的复杂性可能来自它所反映的实际问题的复杂性，也可能来自程序逻辑结构的复杂性。

⑦软件成本相当昂贵。软件的研制工作需要投入大量的、复杂的、高强度的脑力劳动，它的成本是比较高的。

⑧相当多的软件工作涉及社会因素。许多软件的开发和运行涉及机构、体制及管理方式等问题，甚至涉及人的观念和人们的心理。它直接影响到项目的成败。

（二）计算机软件的地位与作用

现代计算机系统包括硬件与软件两个部分，而它所面对的是用户。在硬件、软件及用户三者中，硬件是计算机的物理基础，用户是计算机的直接使用者，而最后，软件则是用户与硬件间的接口，这是一种宏观意义上的接口，它表示用户在使用中不直接操作、应用硬件，而是通过软件实现的，在这里软件起到了中间的接口作用，其具体表现为现代计算机系统。

人类是使用计算机运行程序来解决问题的，比如简单的计算器到复杂的天气预报。程序由编程而来，编程是一个过程，即使用某种程序设计语言，编写程序代码，让计算机实现某个特定功能，解决某类问题的过程。一开始，人们直接使用机器码来编程的，这不仅要了解计算机硬件的原理和细节而且编程的效率低下，只有少数专业人员能使用计算机解决问题。为了使更多的人都能使用计算机，人们利用软件的虚拟化手段，在计算机裸机上加上一层又一层的软件（操作系统、系统软件、应用软件），来隔离硬件的复杂性，降低操作的门槛和难度。软件的目的就是利用虚拟化的手段，最终使得计算机的硬件变成一个可以友好的方式、方便的方式来操纵的接口。

软件由编程而来的。早期是在纸带上打孔编程的，纸带上记录的是机器能直接识别的机器码 0 和 1。但记住由 0 和 1 组成的长串机器码是很费劲的，而且容易出错。为了便于记忆指令，对机器码进行轻度抽象，把操作计算指令用英文代替，便成了汇编语言。使用汇编语言编写代码后，要用汇编器把源代码翻译成机器能识别的机器码。（汇编语言是跨平台的，但汇编器却不是，不同平台架构的 CPU，使用的汇编器是不一样的）虽然汇编语言在一定程度上简化了编程，但仍然需要了解硬件的细节，为了进一步隔离硬件，就产生了各式各样的高级语言。高级语言更加接近我们使用的语言，但机器不能识别，所以高级语言源码要在运行前要通过编译解析成汇编语言，再经过汇编器翻译成机器码，最后由链接器连接成可执行程序；或者在运行时解析成机器码。

跑在硬件上的软件都有一些共有的功能，特别是针对底层硬件管理的功能，都是一致的。为了提高软件开发效率，我们把这些具有共性的功能抽取出来，专门作为硬件和各类应用软件之间的一个中间界。由此，操作系统就产生了。操作系统向下管理各个硬件部件，使其能正常运转；向上为上层应用软件提供一个易于理解和编程的接口（函数调用）。

（三）软件的特性

在计算机学科中，软件是一种很特殊的产物，它的个性非常独特，只有充分地了解，才能正确地把握与使用。软件具有以下特性。

1. 软件的抽象性

软件的抽象性可表现在两方面：首先，软件是一种信息产品，它是一种无形实体，即没有具体物理形态；其次，它是一种逻辑产品，是知识的结晶体软件，抽象性是软件的第一特性，其他特性均可由此特性衍生。

2. 软件的知识性

软件生产是一种大脑知识活动过程，它不需要大量地皮、厂房及设备，也不需要大量体力劳动，它所需要的主要是软件的专业知识与能力以及大量的脑力劳动。因此，软件是一种知识性产品。

3. 软件的复杂性

软件的复杂性主要表现在两方面：首先，从结构上看，软件是一种结构复杂的逻辑产品；其次，从制作上看，软件制作是从客观需求到抽象产品的过程，其间需经过多层次的提炼与改造才能转变成为可用软件。这就是制作的复杂性。软件的结构复杂性与制作复杂性反映了软件整体的复杂性。

4. 软件的复用性

软件的生产过程是复杂的，但当它一旦生成后即可反复不断、多次复制与使用，这就是软件的复用性，或称重用性。软件的复用性是软件有别于其他产品的又一重大特性。人们知道，汽车制造厂生产汽车只能一辆一辆的制造；房地产企业建造楼盘须一幢一幢的盖建，无捷径可言，不可设想在一天之内复制出成千上万幢楼房，这简直是"天方夜谭"，但软件可以做到，人们只要开发出一个软件（尽管这个软件的开发极其艰苦、复杂）即可大量复制，为成千上万个用户服务。这就是软件神奇之处。

5. 软件开发的手工方法

与大规模自动化、流水线作业生产不同，软件开发是以手工作业方式为主，即主要以人工脑力劳动为主。虽然在软件开发中可以有软件工具支撑，但它们毕竟仅起辅助性作用，因此一般认为，软件开发以手工作业、脑力劳动方式为主，且工作量大、复杂度高、周期长、成本高昂。

6. 构造性和演化性

客观世界是不断变化的，因此，构造性和演化性是软件的本质特性。高级语言的出现，如 Fortran 语言、Pascal 语言、C 语言等，使用了变量、标识符、表达式等概念作为语言的基本构造，并使用 3 种基本控制结构来表达软件模型的计算逻辑，因此软件开发人员可以在一个更高的抽象层次上进行程序设计。随后出现了一系列开发模型和结构化程序设计技术，实现了模块化的数据抽象和过程抽象，提高了人们表达客观世界的抽象层次。并使开发的软件具有一定的构造性和演化性。面向对象程序设计语言逐步流行，为人们提供了一种以对象为基本计算单元、以消息传递为基本交互手段的软件模型。面向对象方法的实质是以拟人化的观点来看待客观世界，即客观世界由一系列对象构成，这些对象之间的交互形成了客观世界中各式各样的系统。面向对象方法中的概念和处理逻辑更接近人们解题的思维模式，使开发的软件具有更好的构造性和演化性。

二、软件发展现状

（一）已经存在大量正在运行的软件

目前在许多重要的应用领域中，例如，金融、电力、电信、航空航天等都运行着各自现有的软件。

（二）软件的应用范围还在不断扩大

商务、交通、家电、通信等各行各业，软件无处不在。从人们日常工作中常见的办公软件、邮件发送、视频会议、企业 MIS 系统到生活中几乎人人都用过的视频、游戏、微信、淘宝、支付宝等各种应用软件，人们已很难想象出没有"计算机"和"软件"，世界会是什么样子，人们的生活已经越来越无法离开计算机软件。

（三）软件快速渗透到各传统行业

近些年来，软件快速渗透到各传统行业，尤其是金融、保险和通信行业，并改变着这些行业的商业模式，从传统的商业模式到 B2B 模式、B2C 模式、"鼠标加水泥"模式、广告收益模式，等等，令人眼花缭乱。

（四）软件与新技术加速融合

软件与互联网、大数据、云计算、移动应用、人工智能、智能家居等新技术的快速融合创造了一个又一个奇迹，深刻地改变着世界，改变着我们日常生活的方方面面。

我们现在可以足不出户，就能吃饭、逛商场、买到我们所需的物品；我们用支付宝付款；上淘宝、天猫、京东等网站购物；用 QQ 交友、聊天，在微信平台上进行交流；出门用滴滴打车软件打车；甚至已经实现了汽车自动驾驶、远程家电控制、行业机器人，等等。

（五）软件的规模与复杂度持续增加

随着软件应用范围的日益广泛，软件规模愈来愈大。大型软件项目需要组织一定的人力共同完成，而多数管理人员缺乏开发大型软件系统的经验，多数软件开发人员又缺乏管理方面的经验。各类人员的信息交流不及时、不准确，有时还会产生误解。软件项目开发人员不能有效地、独立自主地处理大型软件的全部关系和各个分支，因此容易产生疏漏和错误。

软件不仅仅是在规模上快速地发展扩大，而且其复杂性也在急剧地增加。软件产品的特殊性和人类智力的局限性，导致人们无力处理"复杂问题"。所谓"复杂问题"的概念是相对的，一旦人们采用先进的组织形式、开发方法和工具，提高了软件开发效率和能力，新的、更大的、更复杂的问题又摆在人们的面前。

越来越多的知识正在由软件进行显示表达。软件的规模持续增加，出现了非常大规模系统：从 50 万行代码增加到 1000 万行，扩大了 20 倍。

除此之外，软件的复杂性也在持续增加，主要表现在以下两个方面。

①子系统数目越来越多。

②计算机应用从数值计算开始发展到数百万条指令的大型企业业务应用，再发展到几千万终端用户直接交互工作的网络应用。

（六）出现了大量与软件相关的标准

与软件相关的标准有 CORBA，UML，XMI，TMN 等。

CORBA（Common Object Request Broker Architecture，公共对象请求代理体系结构，通用对象请求代理体系结构）是由 OMG 组织制定的一种标准的面向对象应用程序体系规范。或者说 CORBA 体系结构是对象管理组织（OMG）为解决分布式处理环境（DCE）中，硬件和软件系统的互联而提出的一种解决方案。

Unified Modeling language（UML）又称统一建模语言或标准建模语言，是始于 1997 年的一个 OMG 标准，它是一个支持模型化和软件系统开发的图形化语言，为软件开发的所有阶段提供模型化和可视化支持，包括由需求分析到规格、到构造和配置。面向对象的分析与设计（OOA&D，OOAD）方法的发展在 20 世纪 80 年代末至 90 年代中出现了一个高潮，UML 是这个高潮的产物。它不仅统一了 Booch，Rumbaugh 和 Jacobson 的表示方法，而且对其作了进步的发展，并最终统一为大众所接受的标准建模语言。

XMI（XML-based Metadata Interchange）使用标准通用标记语言的子集可扩展标记语言（XML），为程序员和其他用户提供元数据信息交换的标准方法。XMI 的目的在于帮助使用统一建模语言（UML）以及不同语言和开发工具的程序员彼此交换数据模型。XMI 也可用于交换数据仓库信息。XMI 格式有效地标准化了任意元数据集的描述，它要求用户跨越多个工业和操作环境而使用同一种方式读取数据。XMI 是对象管理组织（OMG）提出的，它建立并扩展于三个工业标准，理论上，XMI 为合作企业提供一种共享数据仓库的方式。XMI 与微软的开放信息模型相似，并构成竞争。

TMN 是 Telecommunications Management Network 的缩写，意为电信管理网。国际电信联盟(ITU)在 M.3010 建议中指出，电信管理网的基本概念是提供一个有组织的网络结构，以取得各种类型的操作系统（OSs）之间、操作系统与电信设备之间的互联。它是采用商定的具有标准协议和信息的接口进行管理信息交换的体系结构，提出 TMN 体系结构的目的是支撑电信网和电信业务的规划、配置、安装、操作及组织。

（七）软件危机仍然存在（软件脱节）

软件危机是指在计算机软件的开发和维护过程中所遇到的一系列严重问题。软件危机主要表现在下述几方面。

1. 技术人才结构不合理

虽然我国现在着重人才培养，但仍然有十分明显的人才结构性矛盾。因早期发展时对计算机软件市场有不完善的激励机制和相对较低的待遇配置导致许多优秀人才流失，人才的缺失和断层对我国软件技术发展造成威胁。现在大部分软件行业从业人员属于基础性技术人员，从事基础程序开发较多，使得我国软件行业难以向更高层次发展；相应的高精尖人员在学历层次方面更高，增加企业用人成本。

2. 软件技术整体实力较弱

我国计算机软件市场正处于发展期，大部分企业仅仅有着薄弱的基础和较小的规模，融资难度过大，制约软件市场的发展。并且因其规模较小使得企业风险规避的能力较弱，仅仅追求短期利益，对于整个软件市场的未来发展呈现不够积极的态势。当前我国缺乏核心技术，软件技术整体的开发能力和开发水平都较低端，在技术创新能力方面能力体现不够，因而在整个全球软件产业链中我国软件产业都处于中下游。同时还缺少良好的发展环境，很多企业对于有着较大难度的市场新拓展选择退避，集中于某几项短期市场盈利可观的项目，引发我国计算机软件产品种类相对单一的前提下，质量不够完善、计算机软件竞争水平较低的问题。并且盗版、不良竞争现象严峻，对知识产权的保护力度不够，严重影响软件技术研发积极性以及软件产品质量的提高和良好开发环境的营造。

3. 软件成本日益增加

在计算机发展的早期，大型计算机系统主要被设计应用于非常狭窄的军事领域。在这个时期，研制计算机的费用主要由国家财政提供，研制者很少考虑到研制代价问题。随着计算机市场化和民用化的发展，代价和成本就成为投资者考虑的最重要的问题之一。20世纪50年代，软件成本在整个计算机系统成本中所占的比例为10%~20%。但随着软件产业的发展软件成本日益增长。相反，计算机硬件随着技术的进步、生产规模的扩大，价格却在不断下降。这样一来，软件成本在计算机系统中所占的比例越来越大。到20世纪60年代中期，软件成本在计算机系统中所占的比例已经增长到50%左右。

而且，该数字还在不断地递增，下面是一组来自美国空军计算机系统的数据：1955年软件费用约占总费用的18%，1970年达到60%，1975年达到72%，1980年达到80%，1985年达到85%左右。而如今，购买一台电脑，只要数千元人民币，但如果把常用的操作系统、办公软件、安全软件等装好，却要远远超过购买电脑的费用。

4. 开发进度难以控制

由于软件是逻辑、智力产品，软件的开发需建立庞大的逻辑体系，这与其他产品的生产是不一样的。例如，工厂里要生产某种机器，在时间紧的情况下可以要工人加班或者实行"三班倒"，而这些方法都不能用在软件开发上。

在软件开发过程中，用户需求变化等各种意想不到的情况层出不穷，令软件开发过程很难保证按预定的计划实现，给项目计划和论证工作带来了很大的困难。

Brook（布鲁克）曾经提出："已拖延的软件项目上，增加人力只会使其更难按期完成。"事实上，软件系统的结构很复杂，各部分附加联系极大，盲目增加软件开发人员并不能成比例地提高软件开发能力。相反，随着人员数量的增加，人员的组织、协调、通信、培训和管理等方面的问题将更为严重。

许多重大的大型软件开发项目，如 IBM OS/360 和世界范围的军事命令控制系统（WWMCCS），在耗费了大量的人力和财力之后，由于离预定目标相差甚远而不得不宣布失败。

5. 软件质量差

软件项目即使能按预定日期完成，结果却不尽如人意。1965—1970 年，美国范登堡基地发射火箭多次失败，绝大部分故障是由应用程序错误造成的。程序的一些微小错误可以造成灾难性的后果，例如，有一次，在美国肯尼迪发射一枚阿托拉斯火箭，火箭飞离地面几十英里高空开始翻转，地面控制中心被迫下令将其炸毁。后经检查发现是飞行计划程序里漏掉了一个连字符。就是这样一个小小的疏漏造成了这枚价值 1850 万美元的火箭试验失败。

在"软件作坊"里，由于缺乏工程化思想的指导，程序员几乎总是习惯性地以自己的想法去代替用户对软件的需求，软件设计带有随意性，很多功能只是程序员的"一厢情愿"而已，这是造成软件不能令人满意的重要因素。

尽管耗费了大量的人力物力，而系统的正确性却越来越难以保证，出错率大大增加，由于软件错误而造成的损失十分惊人。

6. 软件维护困难

正式投入使用的软件，总是存在着一定数量的错误，在不同的运行条件下，软件就会出现故障，因此需要维护。但是，由于在软件设计和开发过程中，没有严格遵循软件开发标准，存在各种随意性，没有完整地真实反映系统状况的记录文档，给软件维护造成了巨大的困难。特别是在软件使用过程中，原来的开发人员可能因各种原因已经离开原来的开发组织，使得软件几乎不可维护。

另外，软件修改是一项很"危险"的工作，对一个复杂的逻辑过程，哪怕做一项微小的改动，都可能引入潜在的错误，常常会发生"纠正一个错误带来更多新错误"的问题，从而产生副作用。

有资料表明，工业界为维护软件支付的费用占全部硬件和软件费用的 40%～75%。

三、软件发展趋势

在计算机的应用伊始，对于软件和硬件之间的划分界线并不是很明确，这也是由于刚开始的时候计算机技术应用并没有形成规模，同时人们对于计算机软件的应用要求也没有那么高。在这一时期，人们对于计算机的应用要求仅仅只在于一些简单的大规模运算上，而并没有将之应用到控制领域，所以软件技术要求较低。但是随着技术的进步以及人们对于逻辑运算的理解，人们开始想方设法将自己的意识加诸到计算机的应用上，通过计算机的复杂运算完成自身的各种意愿，从而使得计算机软件基础产生并得到了长足的发展。而计算机技术发展的高峰开始于 20 世纪中叶，在这一时期由于计算机技术的进步，使得软件的开发应用有了良好的环境，人们也开始逐步地意识到软件应用的重要性，因此软件产业的探索阶段便展开了。刚开始的阶段，软件主要被应用于军事、科研领域，这也是由于这一时期该类技术研究人员较少所致，由于开发人员缺乏，因此语言编程并没有得到很大的进步，这也是软件的进步受到阻碍的主要因素。

相关资料显示，一直到 20 世纪 70 年代，个人电脑的推广应用才为整个计算机的发展进步提供了新的契机，并且随之带动的便是软件技术的发展，个人、PC 机以及软件的配合使得人们认识到计算机技术的强大功能，因此开始得到了人们的广泛重视而关注所带来的便是不断提高的要求。由于计算机技术能够被应用到各行各业，因此其软件的要求也逐步地趋于多样化。目前我国已经开始对软件行业加大投入，并且这一支持也带动了相关产业对 IT 技术的需求，也是软件行业在我国发展的新契机，我国将会对一些重要的行业的软件开发予以重点支持。当前我国软件公司立足市场的根本是服务能力以及其自身的业务渠道，这也是其主要需要予以提高的竞争力，所以应当对这部分内容予以重点控制。

（一）软件应用范围将继续扩大

随着软件应用范围的迅速扩大，以及软件运行平台从单机到网络环境的转变，软件的规模越来越大，复杂性越来越高，这将导致软件在反映对象、开发基础、关注内容、运行方式、提交形式开销比例等方面的重要发展。从个体计算过程到群体合作过程的发展；由电子服务延伸到现代服务；从以单个软件开发为主向以集成开发为主的顺延；从以产品为中心到以服务为中心，如应用服务提供商（ASP，Application Service Provider）和 Web service 等都体现了软件向服务发展的趋势。

（二）网络化软件将是发展重点

随着互联网加速从生活工具向生产要素转变，"互联网+"从第三产业逐步向第一和第二产业扩散和渗透，成为重塑经济形态、重构创新体系、推动经济转型的新动力。软件是"互联网+"的重要支撑和核心，"互联网+"的演进和发展对软件技术提出新的挑战和要求。

一是软件要超出信息技术产业范畴，与各重点行业领域深度融合。"互联网+"要求软件不仅仅是与硬件配合使用的不面向任何行业需求的信息技术产品，而是要进一步与金融、制造、交通、物流等领域的专业技术深入融合，协力推进其他领域业务流程、业务系统的重塑和生产模式、组织形式的变革，驱动其他行业领域向数字化、网络化、智能化转型升级。

二是软件要加快网络化转型，提升对"互联网+"发展的服务支撑能力。软件技术在促进互联网与传统产业融合、帮助传统企业互联网化等方面发挥着重要驱动作用，作为创新主体的软件企业必须加快网络化转型，更好地面向服务、面向应用实现软件架构的创新和变革。

三是软件要加快自身创新发展，适应"互联网+"时代的新特征。"互联网+"在与传统产业融合过程中，不断拓宽软件技术的应用范围和应用领域，对软件技术的功能和性能提出新的要求，迫使其加快自身创新发展。

软件技术正在向网络化、构件化、平台化的方向发展，改变了人们从事科研的传统方法，拓宽了人类传播知识的渠道，扩大了人们共享科技成果的空间。如果能够把握网络化以及由此引起的重大技术变革，将有可能实现软件创新的跨越式发展。

网络化成为软件技术发展的基本方向。计算技术的重心正在从计算机转向互联网，互联网成为软件开发、部署与运行的平台，将推动整个产业全面转型。软件即服务（SaaS）、平台即服务（PaaS）、基础设施即服务（IaaS）等不断涌现，无论是泛在网、物联网还是移动计算、云计算，都是软件网络化趋势的具体体现。

（三）软件的可靠性与安全性日趋重要

2015年，阿里、Uber、携程、网易等互联网企业纷纷爆发较大规模的网络安全事故，Xcode Ghost苹果安全事件的曝光更是引起了社会各界的广泛关注。随着云计算、大数据、物联网、移动互联网等新一代信息技术的创新变革给广大用户带来便利的同时，网络安全问题不容小觑。近年来，我国信息安全企业实力稳步提升，技术和产品体系建设和支撑服务能力提升取得重要进展，但仍无法有效应对新形势下日益复杂化和多元化的安全威胁和挑战。

一是信息安全企业创新能力不强，产品大多处于中低端水平，同质化、低价现象较为严重，部分核心技术和高端产品对国外的依赖依然存在，国产安全技术和产品对于关系国家战略的重大信息安全需求支撑能力尚需进一步提高。

二是我国信息安全企业整体规模偏小，竞争力相对较弱，与国际龙头企业存在较大差距。

三是现有的网络安全人才培育和引进机制尚不能满足产业和企业发展的需求，整体缺乏对网络安全特殊人才的扶持政策，导致企业网络安全专业人才尤其是高端网络攻防实战人才流失严重。

（四）工业化生产是必由之路

尽管当前社会的信息化过程对软件需求的增长非常迅速，但目前软件的开发与生产能力却相对不足，这不仅造成许多急需的软件迟迟不能被开发出来，而且形成了软件脱节现象。自20世纪60年代人们认识到软件危机并提出软件工程以来，已经对软件开发问题进行了不懈的研究。近年来人们认识到，要提高软件开发效率，提高软件产品质量，必须采用工程化的开发方法与工业化的生产技术，这包括技术与管理两方面的问题：在技术上，应该采用基于重用的软件生产技术；在管理上，应该采用多维的工程管理模式。

我国计算机软件技术发展仍然面临许多制约因素，在发展过程中需要根据实际需求对发展战略做出调整。计算机软件技术的发展有着十分广阔的空间和前景，把握好计算机软件市场的发展方向，根据市场及技术研究层面做出的指示，构建具有稳定性、高水平的计算机软件技术队伍，发展更好的计算机软件技术。

第二节 现有软件标准

一、网络协议

OSI（Open System Interconnect），即开放式系统互联。一般都叫OSI参考模型，是ISO（国际标准化组织）在1985年研究的网络互联模型。该体系结构标准定义了网络互联的7层框架（物理层、数据链路层、网络层、传输层、会话层、表示层和应用层），即ISO开放系统互联参考模型。在这一框架下进一步详细规定了每一层的功能，以实现开放系统环境中的互联性互操作性和应用的可移植性。

将两种体系结构进行比较，得到以下结论。

①在分层上进行比较：OSI分7层，而TCP/IP分4层，它们都有网络层（或称互联网层）、传输层和应用层，但其他的层并不相同。

②在通信上进行比较：OSI模型的网络层同时支持无连接和面向连接的通信，但是传输层上只支持面向连接的通信；TCP/IP模型的网络层只提供无连接的服务，但在传输层上同时支持两种通信模式。

③ OSI/RM体系结构的网络功能在各层的分配差异大，链路层和网络层过于繁重，表示层和会话层又太轻，TCP/IP则相对比较简单。

④ OSI/RM有关协议和服务定义太复杂且冗余，很难且没有必要在一个网络中全部实现。如流量控制、差错控制、寻址在很多层重复。TCP/IP则没什么重复。

⑤ OSI的7层协议结构既复杂又不实用，但其概念清楚，体系结构理论较完整。TCP/P的协议现在得到了广泛的应用，但它原先并没有一个明确的体系结构。

通过对比两种体系结构，可以看到OSI/RM是先有协议再有网络体系结构的，OSI/RM体系是一种比较完善的体系结构，它分为7个层次，每个层次之间的关系比较密切。它是一种过于理想化的体系结构，在实际的实施过程中有比较大的难度。但它却很好地为我们提供个体系分层的参考，有着很好的指导作用。

TCP/IP体系结构分为4层，层次相对要简单得多，因此在实际的使用中比OSI/RM更具有实用性，因而得到了更好的发展，现在的计算机网络大多是TCP/IP体系结构。但这并不表示它就是完整的结构体系。它也同样存在一些问题。也许随着网络的发展，它会发展得更加完美。

OSI/RM是国际标准，但是并没有进行大规模的应用，而TCP/IP协议最终占领了几乎整个网络世界，这表明能够占领市场的才是最终的标准，通过这个例子我们可以发现那些关系着整个世界的标准，常常会受到多方面因素的制约，如技术、利益等。当然最重要的是要简单，要易于实现，成本要低，要能够占领市场。

二、软件构件

随着计算机技术的快速发展，人类社会对计算机软件的需求不断增加。在开发软件的实践中，研究人员逐渐认识到，要真正实现软件的工业化生产并达到软件产业发展所需要的软件生产率和质量，基于构件的软件复用是现实可行的途径之一，因此基于构件的软件开发（CBSD）成为软件研究与开发实践所关注的重点。

开发应用组件必须遵循标准，以保证软件组件的互操作性，只有遵循统一的标准，不同厂商的、不同时期的、不同程序设计风格的、不同编程语言的、不同操作系统的、不同平台上的软件或软件部件才能进行交流与合作。为此，OMG（Object Manage Group）提供了一个对象标准CORBA（Common Object Request Broker Architecture），即公共对象请求代理体系结构。这是一个具有互操作性和可移植性的分布式面向对象的应用标准，它定义了一个网连对象的接口，使得对象可以同时工作。基于CORBA的对象请求代理ORB为客户机/服务器开发提供了中间件的新格式。

CORBA的核心是对象请求代理ORB，它提供对象定位、对象激活和对象通信的透明机制。客户发出要求服务的请求，而对象则提供服务，ORB把请求发送给对象、把输出值返回给客户。ORB的服务对客户而言是透明的，客户不知道对象驻留在网络中何处、对象是如何通信、如何实现以及如何执行的，只要他持有对某对象的对象引用，就可以向该对象发出服务请求。

COM component（COM组件）是微软公司为了计算机工业的软件生产更加符合人类的行为方式开发的一种新的软件开发技术。在COM构架下，人们可以开发出各种各样功能的组件，然后将它们按照需要组合起来，构成复杂的应用系统。由此带来的好处是多方面的：可以将系统中的组件用新的组件替换掉，以便随时进行系统的升级和定制；可以在多个应用系统中重复利用同一个组件；可以方便地将应用系统扩展到网络环境下；COM与语言、平台无关的特性使所有的程序员均可充分发挥自己的才智与专长编写组件模块。

COM是开发软件组件的一种方法。组件实际上是一些小的二进制可执行程序，它们可以给应用程序、操作系统以及其他组件提供服务。开发自定义的COM组件就如同开发动态的、面向对象的 API，多个 COM 对象可以连接起来形成应用程序或组件系统，并且组件可以在运行时刻，在不被重新链接或编译应用程序的情况下被卸下或替换掉。Microsoft 的许多技术，如 Activex，DirectX 以及 OLE 等都是基于 COM 而建立起来的。并且 Microsoft 的开发人员也大量使用 COM 组件来定制他们的应用程序及操作系统。

COM 所含的概念并不只是在 Microsoft Windows 操作系统下才有效。COM 并不是一个大的 API，它实际上像结构化编程及面向对象编程方法那样，也是一种编程方法。在任何一种操作系统中，开发人员均可以遵循"COM 方法"。

一个应用程序通常是由单个的二进制文件组成的。在编译器生成应用程序之后，在对下个版本重新编译并发行新生成的版本之前，应用程序一般不会发生任何变化。操作系统、硬件及客户需求的改变都必须等到整个应用程序被重新生成。这种状况已经发生变化。开发人员开始将单个的应用程序分隔成单独多个独立的部分，也即组件。

这种做法的好处是可以随着技术的不断发展而用新的组件取代已有的组件。此时的应用程序可以随新组件不断取代旧的组件而渐趋完善。而且利用已有的组件，用户还可以快速地建立全新的应用。

传统的做法是将应用程序分割成文件、模块或类，然后将它们编译并链接成一个单模应用程序。它与组件建立应用程序的过程（称为组件构架）有很大的不同。一个组件同一个微型应用程序类似，即都是已经编译链接好并可以使用的二进制代码，应用程序就是由多个这样的组件打包而得到的。单模应用程序只有一个二进制代码模块。自定义组件可以在运行时刻同其他的组件连接起来以构成某个应用程序。在需要对应用程序进行修改或改进时，只需要将构成此应用程序的组件中的某个用新的版本替换掉即可。

COM，即组件对象模型，是关于如何建立组件以及如何通过组件建立应用程序的一个规范，说明了如何可动态交替更新组件。

三、建模语言

建模语言又称统一建模语言或标准建模语言，是一种描述信息或者数据模型的概念的语言。目前最流行的，最常用的建模语言是 UML（Unified Modeling Language，统一建模语言）。建模语言的关键在于能够实现模型概念的传递。UML 是始于 1997 年的一个 OMG 标准，它是一个通用的可视化建模语言，用于对软件进行描述、可视化处理、构造和建立软件系统的文档。它记录了对必须构造的系统的决定和理解，可用于对系统的理解、设计、浏览、配置、维护和信息控制。适用于各种软件开发方法、软件生命周期的各个阶段、各种应用领域以及各种开发工具，是一种总结了以往建模技术的经验并吸收当今优秀成果的标准建模方法。

UML 包括概念的语义，表示的方法和说明，提供了静态、动态、系统环境及组织结构的模型。它可被交互的可视化建模工具所支持，这些工具提供了代码生成器和报表生成器。它适用于迭代式的开发过程，是专为支持大部分现存的面向对象开发过程而设计的。

面向对象的分析与设计（OOA&D，OOAD）方法的发展在20世纪80年代末至90年代中出现了一个高潮，UML是这个高潮的产物。它不仅统一了Booch，Rumbaugh和Jacobson的表示方法，而且对其做了进一步的发展，并最终统一为大众所接受的标准建模语言。

UML从考虑系统的不同角度出发，定义了用例图、类图、对象图、状态图、活动图、序列图、协作图、构件图、部署图等9种图。这些图从不同的侧面对系统进行描述。系统模型将这些不同的侧面综合成一致的整体，便于系统的分析和构造。

①用例图（Use Case Diagran）。用于显示若干角色以及这些角色与系统提供的用例之间的连接关系。用例是系统提供的功能的描述，用例图从用户角度描述系统的静态使用情况用于建立需求模型。

②类图（Class Diagram）。用来表示系统中的类和类之间的关系，它是对系统静态结构的描述。类图不仅定义系统中的类，表示类之间的联系（如关联、依赖、聚合等），也包括类的内部结构（类的属性和操作）。类图描述的是一种静态关系，在系统的整个生命周期都是有效的，是面向对象系统的建模中最常见的图。

③对象图（Object Diagram）。对象图是类图的实例，几乎使用与类图完全相同的标识。它们的不同点在于对象图显示类的多个对象实例，而不是实际的类。一个对象图是类图的一个实例。由于对象存在生命周期，因此对象图只能在系统某一时间段存在。

④状态图（State Diagram）。由状态、转换、事件和活动组成，描述类的对象所有可能的状态以及事件发生时的转移条件。通常状态图是对类图的补充，仅需为那些有多个状态的、行为随外界环境而改变的类画状态图。

⑤活动图（Active Diagram）。一种特殊的状态图，描述满足用例要求所要进行的活动以及活动间的约束关系，有利于识别并行活动。活动图展现了系统内一个活动到另一个活动的流程。

⑥交互图（Interaction Diagram）。用于描述对象间的交互关系，由一组对象和它们之间的关系组成，包含它们之间可能传递的消息。交互图又分为序列图和协作图，其中序列图描述了以时间顺序组织的对象之间的交互活动；协作图强调收发消息对象的结构组织。

⑦构件图（Component Diagram）。描述代码构件的物理结构及构件之间的依赖关系构件图有助于分析和理解构件之间的相互影响程度。

⑧部署图（Deployment Diagram）。定义系统中软、硬件的物理体系结构，展现了运行处理节点以及其中的构件的配置。部署图给出了系统的体系结构和静态实施视图。它与构件图相关，通常一个节点包含一个或多个构建。

四、数据访问

开放数据库互联（Open Database Connectivity，ODBC）是微软公司开放服务结构（WOSA，Windows Open Services Architecture）中有关数据库的一个组成部分，它建立了一组规范，并提供了一组对数据库访问的标准 API（应用程序编程接口）。这些 API 利用 SQL 来完成其大部分任务。ODBC 本身也提供了对 SQL 语言的支持，用户可以直接将 SQL 语句送给 ODBC。开放数据库互联（ODBC）是 Microsoft 提出的数据库访问接口标准。开放数据库互联定义了访问数据库 API 的一个规范，这些 API 独立于不同厂商的 DBMS，也独立于具体的编程语言（但是 Microsoft 的 ODBC 文档是用 C 语言描述的，许多实际的 ODBC 驱动程序也是用 C 语言写的。）ODBC 规范后来被 X/OPEN 和 ISO/IEC 采纳，作为 SQL 标准的一部分，具体内容可以参看《ISO/IEC 9075-3：1995（E）Call-Level Interface（SQL/CLI）》等相关的标准文件。

开放数据库互联（ODBC）为数据库应用程序访问异构型数据库提供了统一的数据存取 API，应用程序不必重新编译、连接就可以与不同的 DBMS 相联。目前支持 ODBC 的有 Oracle，Access，X-Base 等 10 多种流行的 DBMS。

五、工程管理

ISO 9001 和 CMM 均是国际上高水准的质量评估体系。两者既有区别又相互联系，且有不同的注重点，不可简单地互相替代。

（一）两者的基本内容

1. CMM 的起源及基本内容

我国目前谈及的 CMM 是指"软件能力成熟度模型"。CMM 是美国卡内基·梅隆大学软件工程所（以下简称 SEI）的研究成果。从 1986 年开始，SEI 针对软件组织改善其软件过程，特别是美国国防部对软件承包商的能力的评价问题，研究"过程成熟度框架"。1987 年 9 月，SEI 发表了关于过程成熟度框架的简要说明和成熟度调查问卷。以这一过程成熟度框架为蓝本，在美国联邦政府促进下，从 1987～1991 年在美国的一些大公司的软件组织进行了软件过程能力成熟度模型的评估实践。根据这四年的实践经验，特别是从美国政府和工业界反馈的关于软件过程评估的信息，SEI 在原过程成熟度框架的基础上开发了 CMM 0.0 版。在 CMM 0.0 版发表后的两年里，先后产生了 30 多稿草案，于 1992 年 2 月发表了"软件能力成熟度模型 1.1 版"和"能力成熟度模型的关键惯例 1.1 版"（简称 SM-CMM 1.1 版或 CMM）。

SEI 给 CMM 下的定义是：对于软件组织在定义、实现、度量、控制和改善其软件过程的进程中各个发展阶段的描述。这个模型便于确定软件组织的现有过程能力和查找出软件质量及过程改进方面的最关键的问题，从而为选择过程改进战略提供指南。

软件产品的质量在很大程度上取决于构筑软件时所使用的软件开发、维护过程的质量。软件开发是人员密集和设计密集的作业过程，若缺乏有素的训练，就难以建立起支持实现成功改进软件过程的基础，改进工作难以取得成效。CMM 描述的这个框架正是勾列出从无定规的混沌过程向训练有素的成熟过程演进的途径。

CMM 既不是政府标准也不是行业标准，而是 SEI 发表的一份技术报告，不过，它在美国已成为事实上的标准。鉴于 CMM 巨大应用前景，SEI 已在美国注册了 CMM 的专利和商标。围绕以 CMM 为基础的软件过程评估和软件能力评估建立了从审核员培训到提供评估和评价的一整套服务体系。CMM 1.1 版包括"软件能力成熟度模型"和"能力成熟度模型的关键惯例"。"软件能力成熟度模型"主要是描述这种模型的结构，并且给出该模型的基本构件的定义，还进一步对成熟度模型及其构件做了大量的解释。"能力成熟度模型的关键惯例"除了重复叙述能力成熟度模型结构及其构件外，以大量篇幅详细描述了每个"关键过程方面"涉及的"关键惯例"。"关键过程方面"指一组相关联的活动，通过执行这些活动可以实现既定的过程能力。所谓"关键惯例"指使关键过程得以有效实现的作用最大的基础设施和活动。各个关键惯例按每个关键过程的 5 个"公共特性"（目标、执行约定、执行能力、执行活动、测量与分析和验证执行）归类，逐一详细描述。按 CMM 的规定，做到了某个关键过程的全部关键惯例就认为实现了该关键过程，实现了某成熟度及其以下各级所含的全部关键过程就认为达到了该级。

CMM 把软件开发组织的能力成熟度分为 5 个可能的等级。除第一级外，其他每一级都由几个关键过程方面组成。每一个关键过程方面都由五种公共特性予以表征。CMM 给每个关键过程规定了一些具体目标。按每个公共特性归类的关键惯例是按该关键过程的具体目标选择和确定的。如果恰当地处理了某个关键过程涉及的全部关键惯例，这个关键过程的各项目标就达到了，也就表明该关键过程实现了。这种分级的思路把一个组织执行软件过程的成熟程度分成循序渐进的几个阶段，这与软件组织提高自身能力的实际推进过程相吻合。这些级别明确而清楚地反映了过程改进活动的轻重缓急和先后顺序。

2. ISO9001 的基本内容

ISO 9001 系列标准是一套可用于外部质量保证目的的质量体系文档。这些标准用于质量体系需求的规格说明，适用于两个当事方签订合同时要求证明供应方的设计能力和提供产品能力的场合，用于确保供应商在设计、开发、生产、安装和服务等阶段中符合规定的需求。在 ISO 9001 系列标准中，ISO 9001 涉及的是软件开发和维护。严格说来，ISO 9001 是一个用来阐述质量概念之间相互区别与联系的指南，也为选择和使用有关质量体系的一系列国际标准提供指南，这些有关质量体系的一系列国际标准可用于内部质量管理（ISO 9004 标准）和外部质量保证（ISO 9001、9002 和 9003）。这些标准涉及的质量概念包括机构应该实现和保持所提供的产品质量或服务质量，以便购买者提出的或暗示的需求持续地得到满足，机构应该使其自身管理人员相信既定的质量目标正在实现和保持，机构应该使购买者相信既定的质量目标正在或即将在交付的产品或提供的服务中实现。

（二）两者之间的联系

1. 二者的基本原理

ISO 9001 和 CMM 都关注软件产品质量和过程改进。尤其是 ISO 9001 标准增加持续改进质量目标的量化等方面的要求后，在基本思路上和 CMM 更加接近。

2. 二者的着眼点都是提高质量

ISO 9001 与 CMM 均可作为软件企业的过程改善框架，前者面向合同环境，站在用户立场对质量要素进行控制，是供需关系下基于过程的质量需求。而后者是对软件组织内部过程能力的逐步改善。

3. CMM 和 ISO9001 需要具体的软件管理规范支持

ISO 9000-3 质量体系是一个标准，CMM 可以讲是一个模型。在本质上，两者都定义了要做什么，但都没有定义如何做，都需要公司有自己的软件工程管理支持，都可用作为软件企业的过程改善框架。

4. ISO 9001 与 CMM 是强相关的

ISO 9001 不覆盖 CMM，CMM 也不完全覆盖 ISO 9001。一般而言，通过 ISO 9001 认证的企业可以基本满足 CMM 二级的标准和很多 CMM 三级的要求。同样，CMM 二级组织申请 ISO 9001 认证也有明显优势。

（三）两者之间的区别

1. 动静态不同

企业只要符合 ISO 9001 要求的条件并通过权威机构的审核，就可以通过认证，证明企业的内部管理已经达到一定的水平；而 CMM 是"动态"的，定义了五个等级，只有持续不断的改进过程，才能提高成熟度。

2. 抽象程度不同

相对而言，CMM 更具体些，ISO 9001 更抽象些。CMM 侧重技术管理的过程改进 ISO 9001 覆盖面广，涉及公司各个职能部门。ISO 9001 重在整体，CMM 则强调企业内部素质。CMM 是专门针对软件工业的，而 ISO9001 则面向所有工业。

3. 质量要素条款组织和描述方式不同

ISO 9001 是确保每一个产品要素和相关服务的质量可重复地被保证，针对合同环境下设计、开发、生产、服务等环节，给出了所需要的最基本质量要素。ISO 9001 根据一个企业的质量体系中是否覆盖了所有要求的质量要素（以文档化的形式），且这些要素是否有效地按定义方式实施来判断该企业是否符合 ISO 9001 要求。

CMM 的结构是层次化的结构，ISO9001 结构是简单的线性结构，包含 20 个质量要素，除"管理职责"和"质量体系"两个质量要素外，其余 18 个均为过程要素。

ISO9001 与 CMM 关键过程域一般为多对多的关系，即一个质量要素可能对应多个 KPA，一个 KPA 对应多个质量要素。

第三节　现代软件设计与软件架构

体系结构（architecture，产业界通常翻译为"架构"）一词在英文里就是"建筑"的意思。把软件比作一座楼房，从整体上讲，是因为它有基础、主体和装饰，即操作系统之上的基础设施软件，实现计算逻辑的主体应用程序、方便使用的用户界面程序。从细节上看，每一个程序也是有结构的。早期的结构化程序就是以语句组成模块，模块的聚集和嵌套形成层层调用的程序结构，也就是体系结构。结构化程序的程序（表达）结构和（计算的）逻辑结构的一致性及自顶向下开发方法自然而然地形成了体系结构。由于结构化程序时代程序规模不大，通过强调结构化程序设计方法学，自顶向下、逐步求精，并注意模块的耦合性就可以得到相对良好的结构，所以并未特别研究软件系统结构。

随着软件系统规模越来越大、越来越复杂，整个系统的结构和规格说明显得越来越重要。对于大规模的复杂软件来说，对总体的系统结构设计和规格说明比起对计算的算法和数据结构的选择已经变得明显重要得多。在此背景下，人们认识到软件体系结构的重要性，并认为对软件体系结构系统深入的研究将会提高软件生产率和解决软件维护问题的新的最有希望的途径。

对于软件项目的开发来说，一个清晰的软件体系结构是首要的。传统的软件开发过程可以划分为从概念直到实现的若干个阶段，包括问题定义、需求分析、软件设计、软件实现及软件测试等。软件体系结构的建立应位于需求分析之后，软件设计之前。但在传统的软件工程方法中，需求和设计之间存在一条很难逾越的鸿沟，从而很难有效地将需求转换为相应的设计。而软件体系结构就是试图在软件需求与软件设计之间架起一座桥梁，着重解决软件系统的结构和需求向实现平坦地过渡的问题。

体系结构在软件开发中为不同的人员提供了共同交流的语言，体现并尝试了系统早期的设计决策，并作为系统设计的抽象，为实现框架和构件的共享和重用、基于体系结构的软件开发提供了有力的支持。

另外，相对于其他系统而言，软件系统有其特殊性。一方面，软件构造的基本方法和技术，随着人们对软件认识程度的深入不断发展，目前已诞生了各种各样异质的方法和技术，并且应用系统赖以执行的基础环境，包括硬件系统和系统软件平台，也存在异质性。另一方面，应用具有恒变性，业务规则多次被重新定义，新业务模型也屡屡出现。随着应用的不断发展，多年的反复改造使很多系统之间具有复杂的交叉依赖，异质度和冗余度相当高。不同时期采用不同技术和平台构建的软件系统逐渐形成"信息孤岛",企业应用程序环境变成一个大杂烩,其维护和集成成本居高不下。特别是面对新世纪全球化、虚拟化的商业环境,许多企业由于不能及时提供所需功能而错失良机。因此,如何匹配技术的动态性和应用的动态性,显然必须从一个战略高度进行分析。也就是说,为了有效地"重用"现有系统并与之"协同"工作,及时开发新的业务功能,减轻成本压力,必须为企业计算建立十分"灵活"和"敏捷"的"完美"结构,使企业软件环境内部保持恒久的"有序度"。企业软件体系结构正是实现这一需求的有力武器。

更进一步的认识是,软件体系结构也是软件自身发展的使然。按照事物发展的普遍规律,从软件发展的脉络来看,其目前正处于由初级阶段到高级阶段的过渡时期。软件体系结构的建立以及以软件体系结构为核心的新一代软件开发方法学的研究与发展标志着该学科的逐步成熟。

目前,软件体系结构领域研究非常活跃,如南加州大学专门成立了软件体系结构研究组,曼彻斯特大学专门成立了软件体系结构研究所。同时,业界许多著名企业的研究中心也将软件体系结构作为重要的研究内容,如由 IBM 和 ABB 等企业联合一些大学研究嵌入式系统的体系结构项目。国内也有不少的机构在从事软件体系结构方面的研究,如北京大学软件工程研究所一直从事基于体系结构软件组装的工业化生产方法与平台的研究,北京邮电大学则研究了电信软件的体系结构,国防科学技术大学推出的 CORBA 规范实现平台为体系结构研究提供了基础设施所需的中间件技术。许多大学的计算机软件专业硕士和软件工程硕士都开设了软件体系结构课程。

软件体系结构的作用和意义如下。

①体系结构是风险承担者进行交流的手段。

软件体系结构代表了系统公共的高层次抽象。这样,系统的大部分有关人员能把它作为建立一个互相理解的基础,形成统一认识,互相交流。

体系结构提供了一种共同语言来表达各种关注和协商,进而对大型复杂系统能进行理智的管理。这对项目最终的质量和使用有极大的影响。

另外,需求分析到软件实现天然存在一条鸿沟,体系结构的设计正好可以在它们之间架起一座桥梁。

②体系结构是早期设计决策的体现。

软件体系结构体现了早期的一组设计决策,这些决策比后续的开发、设计、编码和维护工作重要得多,对系统生命周期的影响也大得多。早期决策的正确性最难以保证,而且这些决策也难以改变,影响也最大。

软件体系结构的决策明确了对系统实现的约束条件。进而可根据系统划分确定任务划分,从而可决定开发和维护组织的结构。另外,系统的质量在很大程度上受制于体系结构的设计,相应地,也可以通过体系结构预测软件的质量。

软件体系结构的设计有助于原型的设计和开发,一旦有了体系结构的设计,就可以构建原型，并不断地循序渐进。

在对新项目组成员介绍开发的系统时，可以通过介绍体系结构使项目成员迅速进入角色。

③软件体系结构是可传递和可复用的模型。

软件体系结构级的复用，意味着体系结构的决策能在具有相似需求的多个系统中发生影响，这比代码级的复用有更大的好处。

软件体系结构使得能够组合大量支撑产品和服务。在一条产品线上共享软件体系结构将带给开发过程一套核心的知识和资产集，还可以显著减少开发和维护代码的成本，使生产、文档制作、培训和市场推广等工作有序化。

第四节　软件与程序

一、程序的概念

一个程序是一个指令的序列，乐谱、编织图案和食谱都是程序，在这一意义下，程序在计算机发明以前很久就有了。但是，计算机程序比其他各种程序要更长更复杂，因此要求仔细而精确地写这些程序。程序要有作者来写，并且要有执行者来实现这些指令。实现指令称为执行或运行程序。一个运行中的程序称为一个进程（Process）。乐谱是表演一段音乐的一组指令，演员是执行者，织布过程就是程序执行，织布艺人是执行者。执行食谱称为烹调，厨师就是执行者。他们都有程序的几个共同性质。

①指令顺序地执行。除非特别指明，否则，从第一条指令开始，依次执行每一条指令直到结束。这种一般模式可以被某些明确定义的方式所改变，例如当重复一段图案时。

②进程有一个效果。这个效果可能是音乐的声音或漂亮的花布。如果是计算机程序，效果常常是以打印或显示出的符号组成输出形式呈现出来。

③程序总是施操作于某些对象。如对"毛线"对象执行指令"上针"的编织就能得到一件平针的编织作品。计算机程序操作的对象称为数据。

④有时指令前面有一个操作对象的说明。食谱就是这样，通常前面有一个所需配料的清单。在许多程序设计语言中，程序员在写指令之前必须说明数据的属性。

⑤有时指令要求由执行者做出判定。"如果采用新鲜蔬菜，烹饪一道菜，洗净后需炒熟后，配在炸鸡上，如果采用蔬菜汁，就在最后浇在炸鸡上"。在这种情况下，指令的作者并不知道在一次具体实现中执行者会做些什么，但他可以建立一个执行者用以做出判定的标准。如先判断使用新鲜蔬菜是否？再按判断的不同，分别执行。

⑥一条或一组指令可能需要执行一次以上，这在编织物的编织中是经常发生的，因为

它们本来就是重复过程。当一条指令要重复时，必须指明重复的次数。这可以通过直接给出所需重复次数（"编织20行"）或建立一个取决于进程状态的标准（"编织直到行末"）来实现。这两种形式的重复在计算机程序中是经常出现的。因为计算机1秒钟可执行100万条以上的指令，一个没有重复的程序运行不会超过几分之一秒。

⑦程序本身是一个静态实体，而执行指令的进程是动态的。不要把厨师和食谱或者把钢琴家和乐谱混淆起来，同样重要的是不要把执行者同程序混淆起来人们写了一个程序，这个程序可以在不同品牌、不同型号、不同速度的计算机上运行，不管用的是Mac机还是UNIX操作系统，不管用的是个人计算机还是大型机，程序执行的过程是相同的。硬件不是最重要的，关键是处理过程是相同的。

以上是所有程序（包括为计算机写的程序）所共有的一些性质。程序实质上是一种手段，程序的作者借助程序指令与执行者（计算机）通信。通信需要一种语言，虽然自然语言例如英语，常常用于非形式的指令，但大多数程序设计任务需要一种特殊的语言。甚至食谱也使用一种自然语言的特殊方言，而音乐家、舞蹈设计家和编织师都已设计了完全独特的语言，用以传达他们的指令。同样计算机也有传达指令的人造语言——计算机语言。

每一台计算机依靠由成千上万个开关组成的电路工作。每一种程序语言都使用一种软件来将程序语言翻译成计算机开关语言或者机器语言。语言翻译软件叫作编译器或者解释程序，如果使用编程语言不正确，它将会报错。相对而言，语法错误是容易找到和纠正的，比如用C++语言写了一个程序，拼错一个单词或者颠倒两个单词，运行程序时，编译器会发现错误。对于计算机系统把所有的指令组成为指令系统，即指令系统是计算机可以执行的所有指令的集合。用各种语言编写的程序都要翻译成以指令形式表示的计算机机器语言后才能运行。指令系统反映了计算机的基本功能，是程序设计人员能看到的机器的主要属性和软硬件的交互界面。

程序是用程序设计语言（又称为计算机语言、软件语言）描述的适合于计算机处理的语句序列。它是软件开发人员根据用户需求开发出来的。程序设计语言编译器可以将程序翻译成一组机器可执行的指令。这组指令将根据用户的需求，控制计算机硬件的运行，处理用户提供的或机器运行过程中产生的各类数据并输出结果。为了对程序设计语言进行机器自动翻译，人们不得不限制程序设计语言的词汇范围（如字符集、关键字等），并用良好的形式规则精确地定义程序设计语言的语法和语义。

二、软件与程序的关系

我们经常提到"软件"和"程序"这两个词，例如我获得了一个新"软件"，我编的程序还要调试，某一绘图软件功能很强，某个绘图程序在我的计算机上不能启动，等等。这就涉及"软件"和"程序"这两个概念。

很多的时候，不严格区分"程序"和"软件"二者。也许前者更趋于抽象，而后者趋于具体。比如在写那些表达我们的思想逻辑时，人们喜欢说"写程序"；而当程序完成，可以待价而沽时，称之为软件产品。这样理解有一定的道理，但应该清楚，软件并不等于程序。

计算机软件是计算机系统中程序和文档的总称。程序是对计算任务的处理对象和处理规则的描述，文档是为了便于了解程序所需的说明性的资料，如设计说明书、用户指南（使用手册），等等。程序必须装入计算机内才能工作，文档一般是给人看的，不一定要装入机器。

任何以计算机作为处理工具的任务都是计算任务，程序的处理对象是数据（如数字、文字、图形、图像、声音，等等）或信息（以数据作载体，具有确定的含义内容）。处理规则是用来处理数据或信息的动作和步骤，如算术运算、逻辑运算、关系运算、函数运算以及顺序、判断、循环等各种动作和步骤。程序是程序设计中最基本的概念，也是软件中最基本的概念。程序是软件的主要组成部分，又是软件的研究对象，程序的质量决定了软件的质量，程序装入机器后的实际工作过程称为程序的执行。衡量程序的质量，除对程序结构进行静态考察外，还必须考察其执行过程。

软件一词来源于程序。到了 20 世纪 60 年代初期，人们逐渐认识到和程序有关的文档的重要性，软件一词便出现了。软件是用户与计算机硬件的接口界面。要使用计算机，就必须编制程序，必须有软件。用户主要是通过软件与计算机打交道。

软件按功能可分为系统软件、支撑软件、应用软件三类，它们构成计算机系统中的软件总体，在不同的层次和场合发挥自己的功能。

我们发现，编写一个程序时，不仅仅要知道程序设计语言的语法格式等信息，还要知道需要哪些指令以及指令的逻辑顺序，需要什么样的数据等，而且在一些较大的程序中，这些内容更重要。这实际上就涉及了"算法"及相关信息。

算法是解决问题的方法，同一个问题可以用不同的方法来解决，也就是当解决一个问题时，人应该考虑用什么样的方法、什么样的步骤来解决问题，方法确定好之后，再将该方法过程用计算机指令描述出来，才能形成程序。计算机程序实际可以理解为算法的计算机语言描述。

算法可以用自然语言描述，也可以用数学方法描述，需要用计算机来完成时才需要用计算机指令描述，这些描述算法的计算机指令集合就是程序。现在明白，一个较复杂的问题，可能考虑解决问题的方法（即算法）是一个关键的过程，这个可以不归到编写程序，但属于软件设计的部分。

实际上，一个较复杂的问题刚开始可能还不清楚需要解决什么具体问题，还要分析具体解决什么问题，这又涉及需求分析。同样，需求分析属于软件设计部分，但也不属于程序设计，程序设计是将解决问题的过程用计算机能够理解的指令描述出来，属于软件设计的一部分。前边提到，软件包括程序、解决问题的方法、有关的各种文档资料及数据等，因此，可以理解为软件包含程序，程序是软件的一部分。

第二章 软件体系结构

软件体系结构的研究已经成为计算机科学的重要研究方向。软件体系结构研究的主要内容涉及软件体系结构描述、软件体系结构风格等。本章以软件体系结构为题目,重点论述软件体系结构概述、软件体系构建模型概述、"4+1"视图模型、软件体系结构的核心模型、软件体系结构的生命周期模型以及常见软件体系结构风格这6方面的内容。

第一节 软件体系结构概述

一、软件体系结构的发展阶段

纵观软件体系结构技术的发展过程,从最初的"无结构"设计到现行的基于体系结构的软件开发,可以认为经历了以下4个阶段。

第一阶段,"无体系结构"设计阶段。以汇编语言进行小规模应用程序开发为特征。

第二阶段,萌芽阶段。出现了程序结构设计主题,以控制流图和数据流图构成软件体系结构为特征。

第三阶段,初期阶段。出现了从不同侧面描述系统的结构模型,以 UML 为典型代表。

第四阶段,高级阶段。以描述系统的高层抽象结构为中心,不关心具体的建模细节,划分了体系结构模型与传统软件结构的界限,该阶段以 Kruchten(克鲁奇特)提出的"4+1"模型为标志。由于概念尚不统一,描述规范也不能达成一致认识,因此在软件开发实践中软件体系结构尚不能发挥重要作用。

二、软件体系结构的定义

软件体系结构指软件的整体结构和这种结构提供系统在概念上的整体性的方式。体系结构设计表示要建造一个基于计算机系统所需要的数据和程序构件的结构,而重点关注的是软件构件结构,构件的性质以及它们的交互。体系结构设计是总体设计的主要任务,目标是建立一个结构良好的系统。软件的总体设计就是确定软件和数据的总体框架。例如,系统的构成(一个系统有多少个子系统,或者子系统由多少个模块组成),以及各个构成元素之间的相互关系。软件体系结构设计过程实际上是在高层次上定义软件的组织,软件人员用某种方法把系统分解为若干单元，并且定义这些单元之间的相互作用。

不同的设计方法可能构建体系结构的过程也不同。设计过程的选择与开发人员的应用知识和技术有关。但是，以下的体系结构设计过程是普遍适用的。

①系统结构化。将系统分解成一系列基本子系统（每一个子系统都是一个独立的软件单元），并且识别出子系统之间的通信。

②控制建模。建立系统各个部分之间控制关系的构成模型。构成模型关注的是系统如何分解成子系统。作为一个整体，子系统必须得到有效的控制。

③模块分解。把子系统进一步分解成模块。这时，软件结构设计要确定模块的类型以及模块之间的关联。

子系统和模块的区别主要体现在以下几点。

①通常，子系统由模块组成，一个子系统独立构成系统，它不依赖其他子系统提供的服务，但是，要定义与其他子系统之间的接口。

②一个模块通常是一个能提供一个或者多个服务的系统组件（构件），它能利用其他模块提供的服务。一般不会把模块视为一个独立的系统。模块可以由许多其他更简单的构件组成。

一般地，最简单的体系结构形式是程序构件（模块）的层次结构、构件之间的关系以及构件使用的数据结构。也就是说，体系结构是一种表示，它包含了系统的构件和这些构件性质以及构件之间的关系。

软件的构件可以是简单的程序模块，然而，构件可以在更广泛的意义上理解构件可以推广到代表主要的系统元素和它们的交互，例如，包括数据库和"中间件"。构件之间的关系可以是简单地从一个模块到另一个模块的过程调用，也可以是复杂的数据库访问协议，等等。

三、软件体系结构涉及的内容

软件体系结构主要关注软件系统本身的抽象结构定义和设计。从认识论层面可以将软件工程和软件体系结构看作针对软件开发的宏观视图和（某个）微观视图及它们的辩证关系。

软件体系结构应该涉及基本软件构造模型、设计模式、基本风格、典型案例、描述与设计等内容。其中，基本软件构造模型是软件体系结构建立的基础和最小粒度的元素。不同的软件模型蕴涵了其直接支持的软件体系结构，同时，软件模型发展的轨迹也反映了软件体系结构的发展历程和进化理念，两者在思想本质上具有通约性。设计模式是面向对象软件设计中关于对象关系和结构的一种设计经验的抽象，它能有效支持软件结构对于应用的恒变特性的适应性，提高软件系统的维护能力。尽管设计模式来源于面向对象软件设计，但其思维本质对软件体系结构如何适应应用的恒变特性也有同样的指导意义。软件体系结构中往往在某个局部大量采用设计模式，以重用久经考验的设计经验。软件体系结构基本风格抽象了一些经过实验验证的有效的软件体系结构基本设计方法，这些方法广泛应用于现实软件系统的设计之中。典型案例是指软件体系结构的各种具体实现，它集成了软件模型、设计模式和软件体系结构基本风格。软件体系结构描述是指通过一定的语言或符号，从形式上定义软件体系结构，实现软件体系结构蓝图的书面具现，从而对软件体系结构进行交流、审核和分析验证。软件体系结构设计是指针对某个具体系统或应用，利用软件模型、设计模式和软件体系结构基本风格等知识以及相应描述手段，进行艺术创造，创建出能够处理该具体系统或应用的一种完美的蓝图。

第二节 软件体系结构建模概述

一、软件体系结构模型的分类

研究软件体系结构的首要问题是如何表示软件体系结构，即如何对软件体系结构建模。根据建模的侧重点不同，可以将软件体系结构的模型分为5种：结构模型、框架模型、动态模型、过程模型和功能模型。在这5个模型中，最常用的是结构模型和动态模型。

（一）结构模型

这是一个最直观、最普遍的建模方法。这种方法以体系结构的构件、连接件和其他概念来刻画结构，并力图通过结构来反映系统的重要语义内容，包括系统的配置、约束、隐含的假设条件、风格、性质等。研究结构模型的核心是体系结构描述语言。

（二）框架模型

框架模型与结构模型类似，但它不太侧重描述结构的细节而更侧重于整体的结构。框架模型主要以一些特殊的问题为目标建立只针对和适应该问题的结构。

（三）动态模型

动态模型是对结构或框架模型的补充，研究系统的"大颗粒"的行为性质。例如，描述系统的重新配置或演化。动态可以指系统总体结构的配置、建立或拆除通信通道或计算的过程。这类系统是激励型的。

（四）过程模型

软件体系结构是软件系统的高级抽象，体现在系统开发过程中最早做出的决策。体系结构也是一个带有根本性的系统设计思路，对系统起着最为深远的影响。过程模型研究构造系统的步骤和过程，因而结构是遵循某些过程脚本的结果。

（五）功能模型

功能模型认为体系结构是由一组功能构件按层次组成的，下层向上层提供服务。它可以看作是一种特殊的框架模型。

二、建模的意义

从系统分析与开发过程的角度，模型能够提供对设计思路的指导并支持需求与实现的分离。

（一）支持逐层细化的开发过程

从系统分析与开发过程的角度，构建模型能够指导系统设计思路。不同抽象层次的模型能够为分阶段的系统开发过程提供基础。最高抽象层次的模型可以用于表述系统需求，强调系统相关干系人的要求和系统所能提供的能力，并据此进行方案的分析和比较。

之后较高抽象层次的模型可以保证系统设计人员更多地关注系统整体结构而不是具体细节，以进行系统结构的分析和设计。而随着设计与开发工作的进展，高抽象层次的模型被更为精确的模型所替代，从而使设计人员能够最终关注系统的具体实现细节。

这种逐层细化的模型设计过程与软件开发过程能够很好地结合在一起。软件开发过程将会划分为几个阶段（如经典软件工程中的瀑布模型），各个阶段将完成系统不同详细程度的设计与开发，同时各个阶段相互之间可以回溯。在软件开发过程的每个阶段都将存在对被研究对象的抽象描述，这就形成了在该阶段的特定详细程度的模型，同时处于各个不同阶段的模型将具有相互之间的映射关系，且模型将具有一致的形式化描述。因此，模型能够满足对迭代的、增量的、逐层细化的开发过程的支持。

（二）支持构建独立于物理实现的逻辑模型

在系统开发过程中，一部分系统的用户关心的是系统的外部行为特征和规格（系统的需求分析），并不关心系统的具体设计实现细节（系统的设计实现），而另一部分用户则反之。因此可以使用一类模型说明系统的外部行为和系统体现的规格特征，而另一类模型描述系统实现所需要的内部结构和操作，从而通过不同模型的抽象分离需求与设计，使用户能够尽早进行实现方案的检查验证，而不涉及具体的设计细节。因此，通过从高抽象程度模型到精确抽象模型逐步细化的过程可以实现需求与具体实现的分离。

而在具体的开发过程中，确实需要一种与具体物理实现无关的系统描述，这种描述能够准确地描述系统的功能、结构、实现方法，但又独立于任何物理平台和具体实现方式，从而保证系统设计能够长期指导物理实现。从系统分析与开发方法的角度模型能够为系统的开发提供辅助手段。

1. 辅助项目需求的捕获

通过建立系统不同侧面的模型，可以辅助开发人员捕获系统多角度多方面的应用需求，通过对不同角度的使用方法适用条件等方面信息的分析，整理并归纳系统相关的描述，最终使系统各方面的相关干系人能够就系统的需求达成一致的理解。

2. 辅助进行系统设计

基于模型的语义和表示方法，可以使用模型描述完整系统。基于这一模型的可视化设计结果，可以让设计者对系统构架有全面的认识。同时，设计者可以基于模型进行设计。

第三节 "4+1"视图模型

一、"4+1"视图模型的构成

Kruchten（克鲁奇顿）在其著作《Rational 统一过程引论》中写道："一个体系结构视图是对于从某一视角或某一点上看到的系统所做的简化描述，描述中涵盖了系统的某一特定方面，而省略了与此方面无关的实体。"

软件体系结构的每个视图分别关注不同的方面，针对不同的目标和用途。也就是说，体系结构要涵盖的内容和决策太多了，超过了人脑"一蹴而就"的能力范围，因此采用"分而治之"的办法从不同视角分别设计；同时，也为软件体系结构的理解、交流和归档提供了方便。

Kruchten（克鲁奇顿）提出了"4+1"视图模型，从 5 个不同的视角，包括逻辑视图、进程视图、物理视图、开发视图、场景视图来描述软件体系结构。每个视图只关心系统的一个侧面，5 个视图结合在一起才能反映系统软件体系结构的全部内容。

（一）逻辑视图

逻辑视图主要支持系统的功能需求，即系统提供给最终用户的服务。在逻辑视图中，系统分解成一系列的功能抽象，这些抽象主要来自问题领域。这种分解不但可以用来进行功能分析，而且可用作标识在整个系统的各个不同部分的通用机制和设计元素。

类图用于表示类的存在以及类与类之间的相互关系，是从系统构成的角度来描述正在开发的系统。一个类的存在不是孤立的，类与类之间以不同方式互相合作，共同完成某些系统功能。关联关系表示两个类之间存在着某种语义上的联系，其真正含义要由附加在横线之上的一个短语来予以说明。在表示包含关系的图符中，带有实心圆的一端表示整体，相反的一端表示部分。在表示使用关系的图符中，带有空心圆的一端连接请求服务的类，相反的一端连接提供服务的类。在表示继承关系的图符中，箭头由子类指向基类。

逻辑视图中使用的风格为面向对象的风格，逻辑视图设计中要注意的主要问题是要保持一个单一的、内聚的对象模型贯穿整个系统。逻辑视图关注功能，不仅包括用户可见的功能，还包括为实现用户功能而必须提供的"辅助功能模块"，它们可能是逻辑层、功能模块、类等。

（二）开发视图

开发视图关注的是在软件开发环境中软件模块的实际组织。软件被打包成可以由单个或少量程序员开发的各种小的部分：程序库或子系统。子系统被组织成层次化的体系，每层为上一层提供一个严密的、明确定义的接口。

系统的开发体系结构用模块图和子系统图来表示，在图中可以显示出"导入"和"导出"关系。完整的开发体系结构只有在软件系统的所有元素被识别出来之后才能被描述。控制开发体系结构的原则是：分割、编组、可视。

开发体系结构主要考虑的是内部需求，这些需求的目的是要使开发相关的活动更易于进行，如软件管理、软件复用、开发工具集所造成的约束、编程语言等。开发体系结构是许多开发活动的基础，包括需求配置、团队组织和工作分配、成本估算和成本规划、项目进度监控、软件可重用性和可移植性分析、软件安全分析等。它是建立软件产品线的基础。

开发视图不仅包括要编写的源程序，还包括可以直接使用的第三方 SDK 和现成框架、类库，以及开发的系统将运行于其上的系统软件或中间件。开发视图和逻辑视图之间可能存在一定的映射关系，例如，逻辑视图中的逻辑层一般会映射到开发视图中的多个程序包。

（三）进程视图

进程视图侧重系统的运行特性，关注非功能性的需求（性能、可用性）。服务于系统集成人员，方便后续性能测试。强调并发性、分布性、集成性、鲁棒性（容错）、可扩充性、吞吐量等。定义逻辑视图中的各个类的具体操作是在哪一个线程（Thread）中被执行。

进程视图和开发视图的关系：开发视图一般偏重程序包在编译时期的静态依赖关系，而这些程序运行后会表现为对象、线程、进程，进程视图比较关注的是这些程序运行时单元的交互问题。进程视图可以用时序图、状态图等多种方式描述，这取决于视图关心哪方面的动态特性：是状态转换还是并发情况，或者其他什么。

（四）物理视图

物理视图也叫部署视图，服务于系统工程人员，解决系统的拓扑结构、安装、通信等问题。主要考虑如何把软件映射到硬件上，也要考虑系统性能、规模、可靠性等。可以与进程视图的映射一起以多种形式出现。

物理视图和进程视图的关系：进程视图特别关注目标程序的动态执行情况，而物理视图重视目标程序的静态位置问题；物理视图还要考虑软件系统和包括硬件在内的整个 IT 系统之间是如何相互影响的。

（五）场景视图

场景可以看作是那些重要系统活动的抽象，它将 4 个视图有机地联系起来，从某种意义，软件体系结构上来说场景是最重要的需求抽象。在开发体系结构时，它可以帮助设计者找到体系结构的构件和它们之间的作用关系。同时，也可以用场景来分析一个特定的视图，或描述不同视图构件间是如何相互作用的。场景用文本、图形表示皆可。需要强调的是，关键的功能需求和质量需求驱动体系结构设计，所以，场景不但有代表功能的用例场景，还应该有质量场景。例如，对于选课系统，不仅仅关系学生选课的功能场景，还关系数千人同时选课的可靠性和性能情景。只有示例图不能算是真正的场景，真正的场景通过对用例的描述（如用例基本事件流和替代事件流）体现。

逻辑视图、开发视图主要用来描述系统的静态结构。进程视图、物理视图主要用来描述系统的动态结构。并非每个系统都必须把 5 个视图都画出来，而是各有侧重。例如，MIS 系统侧重于逻辑视图、开发视练习，而实时控制系统则侧重于进程视图、物理视图。

二、视图间同步问题

在运用多视图方法进行体系结构设计时需要注意多个体系结构视图之间的同步问题。

不同软件体系结构视图之间是独立的吗？不完全是。因为它们分别反映同一个软件系统的不同设计方面，它们最终合在一起才是完整的体系结构设计方案，所以不同体系结构视图之间势必有相互支撑的关系。所谓保持体系结构视图之间的同步，就是要保证不同视图之间是相互解释的，而不是相互矛盾的。

例如，逻辑体系结构中的一个逻辑层到了开发视图中可能变成几个具体的程序包，而程序包编译（可能还包括打包）后目标程序的部署是物理视图所要考虑的。再如，物理视图中可能会涉及数据的分布和传递备份，这就需要数据视图中有相应数据的定义和结构信息等。

从以上分析可知，逻辑视图和开发视图描述系统的静态结构，而进程视图和物理视图描述系统的动态结构。对于不同的软件系统来说，侧重的角度也有所不同。例如，对于管理信息系统来说，侧重于从逻辑视图和开发视图来描述系统，而对于实时控制系统来说，则注重于从进程视图和物理视图来描述系统。

第四节　软件体系结构的核心模型

综合软件体系结构的概念，体系结构的核心模型由 5 种元素组成：构件、连接件、配置、端口和角色。其中，构件、连接件、配置是最基本的元素。

构件是具有某种功能的可重用的软件模板单元，表示了系统中主要的计算元素和数据存储。构件有两种：复合构件和原子构件。复合构件由其他复合构件和原子构件通过连接而成；原子构件是不可再分的构件，底层由实现该构件的类组成，这种构件的划分提供了体系结构的分层表示能力，有助于简化体系结构的设计。

连接件表示了构件之间的交互，简单的连接件如管道、过程调用、事件广播等，更为复杂的交互。如服务器通信协议，数据库和应用之间的 SQL 连接等。

配置表示了构件和连接件的拓扑逻辑和约束。

另外，构件作为一个封装的实体，只能通过其接口与外部环境交互，构件的接口由一组端口组成，每个端口表示了构件和外部环境的交互点，通过不同的端口类型，一个构件可以提供多重接口。一个端口可以非常简单，如过程调用，也可以表示更为复杂的界面（包含一些约束），如必须以某种顺序调用的一组过程调用。

连接件作为建模软件体系结构的主要实体，同样也有接口，连接件的接口由一组角色组成，连接件的每一个角色定义了该连接件表示的交互的参与者，二元连接件有两个角色。有的连接件有多于两个的角色。例如事件广播有一个事件发布者角色和任意多个事件接收者角色。

第五节 常见软件体系结构风格

一、软件体系结构风格概述

软件体系结构风格是描述某一特定应用领域中系统组织方式的惯用模式。体系结构风格定义了一个系统家族，即一个体系结构定义一个词汇表和一组约束。词汇表中包含一些构件和连接件类型，而这组约束指出系统是如何将这些构件和连接件组合起来的。体系结构风格反映了领域中众多系统所共有的结构和语义特性，并指导如何将各个模块和子系统有效地组织成一个完整的系统。按这种方式理解，软件体系结构风格定义了用于描述系统的术语表和一组指导构建系统的规则。

二、基于层次消息总线的体系结构风格

（一）JB/HMB 风格的基本特征

随着计算机网络技术的发展，特别是分布式构件技术的日渐成熟和构件互操作标准的出现，加速了基于分布式构件的软件开发趋势，具有分布和并发特点的软件系统已成为一种普遍的应用需求。

基于事件驱动的编程模式已在图形用户界面程序设计中获得广泛应用。在此之前的程

序设计中，通常使用一个大的分支语句控制程序的转移，对不同的输入情况分别进行处理，程序结构不甚清晰。基于事件驱动的编程模式在对多个不同事件响应的情况下，系统自动调用相应的处理函数，程序具有清晰的结构。

计算机硬件体系结构和总线的概念为软件体系结构的研究提供了很好的借鉴和启发，在统一的体系结构框架下，系统具有良好的扩展性和适应性。任何计算机厂商生产的配件，甚至是在设计体系结构时根本没有预料到的配件，只要遵循标准的接口规范，都可以方便地集成到系统中，对系统功能进行扩充，甚至是即插即用（即运行时刻的系统演化）。正是标准的总线和接口规范的制订，以及标准化配件的生产，促进了计算机硬件的产业分工和蓬勃发展。

（二）JB/HMB 风格的组成要素

1. 接口

一个构件可以支持多个不同的接口，每个接口定义了一组输入和输出的消息，刻画了构件对外提供的服务以及要求的环境服务，体现了该构件同环境的交互。在体系结构设计层次上，构件通过接定义了同外界的信息传递和承担的系统责任。构件接口代表了构件同环境的全部交互内容，也是唯一的交互途径。除此之外，环境不应对构件做任何其他与接口无关的假设，例如实现细节等。

JB/HMB 风格的构件接口是一种用于消息的互联接口，可以较好地支持体系结构设计构件之间通过消息进行通信，接口定义了构件发出和接收的消息集合。同一般的互联接口相比，JB/HMB 的构件接口具有两个显著的特点：第一，构件只对消息本身感兴趣，并不关心消息是如何产生的，消息的发出者和接收者不必知道彼此的情况，这样就切断了构件之间的直接联系，降低了构件之间的耦合强度，进一步增强了构件的复用潜力，并使得构件的替换变得更为容易；第二，在一般的互联接口定义的系统中，构件之间的连接是在要求的服务和提供的服务之间进行固定的匹配，而在 JB/HMB 的构件接口定义的系统中，构件对外来消息的响应，不但同接收到的消息类型相关，而且同构件当前所处的状态相关构件对外来消息进行响应后，可能会引起状态的变迁。因此，一个构件在接收到同样的消息中，在不同时刻所处的不同状态下，可能会有不同的响应。

消息是关于某个事件发生的信息，上述接口定义中的消息分为两类：一是构件发出的消息，通知系统中其他构件某个事件的发生或请求其他构件的服务；二是构件接收的消息，对系统中某个事件的响应或提供其他构件所需的服务。接口中的多个消息定义了构件的一个端口，其有互补端口的构件可以通过消息总线进行通信，互补端口指的是除了消息进出构件的方向不同之外，消息名称、消息带有的参数和返回结果的类型完全相同的两个端口。

当某个事件发生后，系统或构件发出相应的消息，消息总线负责把该消息传递到对此消息感兴趣的构件。按照响应方式的不同，消息可分为同步消息和异步消息。同步消息是指消息的发送者必须等待消息处理结果反馈才可以继续运行的消息类型。异步消息是指消息的发送者不必等待消息处理结果的返回即可继续执行的消息类型。常见的同步消息包括（一般的）过程调用，异步消息包括信号、时钟和异步过程调用等。

2. 消息总线

JB/HMB 风格的消息总线是系统的连接件，构件向消息总线登记感兴趣的消息，形成构件消息响应登记表。消息总线根据接收到的消息类型和构件消息响应登记表的信息，定位并传递该消息给相应的响应者，并负责返回处理结果。必要时，消息总线还对特定的消息进行过滤和阻塞。

（1）消息登记

在基于消息的系统中，构件需要向消息总线登记当前响应的消息集合，消息响应者只对消息类型感兴趣，通常并不关心是谁发出的消息。在 JB/HMB 风格的系统中，对挂接在同一消息总线上的构件而言，消息是一种共享的资源，构件消息响应登记表记录了该总线上所有构件和消息的响应关系。类似于程序设计中的"间接地址调用"，避免了将构件之间的连接"硬编码"到构件的实现中，使得构件之间保持了灵活的连接关系，便于系统的演化。

构件接口中的接收消息集合意味着构件具有响应这些消息类型的潜力，缺省情况下，构件对其接口中定义的所有接收消息都可以进行响应。但在某些特殊的情况下，例如，一个构件在部分功能上存在缺陷时，就难以对其接口中定义的某些消息进行正确的响应，这时应阻塞掉那些不希望接收到的消息。这就是需要显式进行消息登记的原因，以便消息响应者更灵活地发挥自身的潜力。

（2）消息分派和传递

消息总线负责消息在构件之间的传递，根据构件消息响应登记表把消息分派到对此消息感兴趣的构件，并负责处理结果的返回。在消息广播的情况下，可以有多个构件同时响应一个消息，也可以没有构件对该消息进行响应。在后一种情况下，该消息就丢失了，消息总线可以对系统的这种异常情况发出警告，或通知消息的发送构件进行相应的处理实际上，构件消息响应登记表定义了消息的发送构件和接收构件之间的一个二元关系，以此作为消息分派的依据。

消息总线是个逻辑上的整体，在物理上可以跨越多个机器，因此挂接在总线上的构件也就可以分布在不同的机器上，并发运行。由于系统中的构件不是直接交互，而是通过消息总线进行通信，因此实现了构件位置的透明性。根据当前各个机器的负载情况和效率方面的考虑，构件可以在不同的物理位置上透明地迁移，而不影响系统中的其他构件。

（3）消息过滤

消息总线对消息过滤提供了转换和阻塞两种方式。消息过滤的原因主要在于不同来源的构件事先并不知道各自的接口，因此可能同一消息在不同构件中使用了不同的名字，或不同的消息使用了相同的名字。对挂接在同一消息总线上的构件而言，消息是一种共享的资源，这样就会造成构件集成时消息的冲突和不匹配。

消息转换是针对构件实例而言的，即所有构件实例发出和接收的消息类型都经过消息总线的过滤，这里采取简单换名的方法，其目标是保证每种类型的消息名字在其所处的局部总线范围内是唯一的。例如，假设复合构件 A 符合客户服务器风格，由构件 C 的两个实例 c1 和 c2 以及构件 S 的一个实例 s1 构成，构件 C 发出的消息 msgC 和构件 S 接收的消息 msgS 是相同的消息。但由于某种原因，它们的命名并不一致（除此之外，消息的参数和返回值完全一样）。对此可以采取简单换名的方法，把构件 C 发出的消息 msgC 换名为 msgS，这样无需对构件进行修改，就解决了这两类构件的集成问题。

由简单的换名机制解决不了的构件集成的不匹配问题，例如参数类型和个数不一致等，可以采取更为复杂的包装器技术对构件进行封装。

（三）运行时刻的系统演化

在许多重要的应用领域中，例如金融、电力、电信及空中交通管制等，系统的持续可用性是个关键性的要求，运行时刻的系统演化可减少因关机和重新启动而带来的损失和风险。此外，越来越多的其他类型的应用软件也提出了运行时刻演化的要求，在不必对应用软件进行重新编译和加载的前提下，为最终用户提供系统定制和扩展的能力 JB/HMB 风格方便地支持运行时刻的系统演化，主要体现在以下 3 个方面。

1. 动态增加或删除构件

在 JB/HMB 风格的系统中，构件接口中定义的输入和输出消息刻画了一个构件承担的系统责任和对外部环境的要求，构件之间通过消息总线进行通信，彼此并不知道对方的存在。因此只要保持接口不变，构件就可以方便地替换。一个构件加入到系统中的方法很简单，只需向系统登记其所感兴趣的消息即可。但删除一个构件可能会引起系统中对于某些消息没有构件响应的异常情况，这时可以采取两种措施：一是阻塞那些没有构件响应的消息；二是首先使系统中的其他构件或增加新的构件对该消息进行响应，然后再删除相应的构件。系统中可能增删改构件的情况包括：当系统功能需要扩充时，往系统中增加新的构件；当对系统功能进行裁剪，或当系统中的某个构件出现问题时，需要删除系统中的某个构件；用带有增强功能或修正了错误的构件新版本代替原有的旧版本。

2. 动态改变构件响应的消息类型

类似地，构件可以动态地改变对外提供的服务（即接收的消息类型），这时应通过消息总线对发生的改变进行重新登记。

3. 消息过滤

利用消息过滤机制，可以解决某些构件集成的不匹配问题。消息过滤通过阻塞构件对某些消息的响应，提供了另一种动态改变构件对消息进行响应的方式。

三、C2风格

C2体系结构风格可以概括为通过连接件绑定在一起的、按照一组规则运作的并行构件网络。C2风格中的系统组织规则如下。

①系统中的构件和连接件都有一个顶部和一个底部。

②构件的顶部应连接到某连接件的底部，构件的底部则应连接到某连接件的顶部，而构件与构件之间的直接连接是不允许的。

③一个连接件可以和任意数目的其他构件和连接件连接。

④当两个连接件进行直接连接时，必须由其中一个的底部到另一个的顶部。

C2风格是最常用的一种软件体系结构风格，C2风格具有以下特点。

①系统中的构件可实现应用需求，并将任意复杂度的功能封装在一起。

②所有构件之间的通信是通过以连接件为中介的异步消息交换机制来实现的。

③构件相对独立，构件之间依赖性较少。系统中不存在某些构件将在同一地址空间内执行，或某些构件共享特定控制线程之类的相关性假设。

四、客户/服务器风格

客户/服务器（Client/Server，C/S）计算技术在信息产业中占有重要的地位。网络计算经历了从基于宿主机的计算模型到客户/服务器计算模型的演变。

在集中式计算技术时代广泛使用的是大型机/小型机计算模式。它是通过一台物理上与宿主机相连接的非智能终端来实现宿主机上的应用程序。在多用户环境中，宿主机应用程序既负责与用户的交互，又负责对数据的管理；宿主机上的应用程序一般也分为与用户交互的前端和管理数据的后端，即数据库管理系统。集中式的系统使用户能共享贵重的硬件设备，如磁盘机、打印机和调制解调器等。但随着用户的增多，对宿主机能力的要求提高，而且开发者必须为每个新的应用重新设计同样的数据管理构件。

20世纪80年代以后，集中式结构逐渐被以个人计算机（PC）为主的微机网络所取代。个人计算机和工作站的采用，永远改变了协作计算模型，从而导致了分散的个人计算机模型的产生。一方面，由于大型机系统固有的缺陷，如缺乏灵活性，无法适应信息量急剧增长的需求，并为整个企业提供全面的解决方案等；另一方面，由于微处理器的日新月异，其强大的处理能力和低廉的价格使微机网络迅速发展，已不仅仅是简单的个人系统，这便形成了计算机界的向下规模化。其主要优点是用户可以选择适合自己需要的工作站、操作系统和应用程序。

C/S体系结构是基于资源不对等，且为实现共享而提出来的，是20世纪90年代成熟起来的技术，C/S体系结构定义了工作站如何与服务器相连，以实现数据和应用分布到多个处理机上。C/S体系结构由数据库服务器、客户应用程序和网络3个主要部分组成，服务器负责有效地管理系统的资源，其任务集中于以下几方面。

①数据库安全性的要求。

②数据库访问并发性的控制。

③数据库前端的客户应用程序的全局数据完整性规则。

④数据库的备份与恢复。

客户端应用程序的主要任务如下。

①提供用户与数据库交互的界面。

②向数据库服务器提交用户请求并接收来自数据库服务器的信息。

③利用客户端应用程序对存在于客户端的数据执行应用逻辑要求。

网络通信软件的主要作用是完成数据库服务器和客户端应用程序之间的数据传输。C/S 体系结构将应用一分为二，服务器（后台）负责数据管理，客户端（前台）完成与用户的交互任务。服务器为多个客户端应用程序管理数据，而客户端程序发送、请求和分析从服务器接收的数据，这是一种"胖客户端""瘦服务器"的体系结构。

在一个 C/S 体系结构的软件系统中，客户端应用程序是针对一个小的、特定的数据集，如对一个表的行来进行操作，而不是像文件服务器那样针对整个文件进行，对某一条记录进行封锁，而不是对整个文件进行封锁，因此保证了系统的并发性，并使网络上传输的数据量减到最少，从而改善了系统的性能。

C/S 体系结构的优点主要在于系统的客户端应用程序和服务器构件分别运行在不同的计算机上，系统中每台服务器都可以适合各构件的要求，这对于硬件和软件的变化显示出极大的适应性和灵活性，而且易于对系统进行扩充和缩小。在 C/S 体系结构中，系统中的功能构件充分隔离，客户端应用程序的开发集中于数据的显示和分析，而数据库服务器的开发则集中于数据的管理，不必在每一个新的应用程序中都要对一个 DBMS 进行编码。将大的应用处理任务分布到许多通过网络连接的低成本计算机上，以节约大量费用。

C/S 体系结构具有强大的数据操作和事物处理能力，模型思想简单，易于人们理解和接受。但随着企业规模的日益扩大，软件的复杂度不断提高，C/S 体系结构逐渐暴露了以下缺点。

第一，开发成本较高。C/S 体系结构对客户端硬件配置要求较高，尤其是随着软件的不断升级，对硬件要求不断提高，增加了整个系统的成本，且客户端变得越来越臃肿。

第二，客户端程序设计复杂。采用 C/S 体系结构进行软件开发，大部分工作量放在客户端的程序设计上，客户端显得十分庞大。

第三，信息内容和形式单一，因为传统应用一般为事务处理，界面基本遵循数据库的字段解释，开发之初就已确定，而且不能随时截取办公信息和档案等外部信息，用户获得的只是单纯的字符和数字，既枯燥又死板。

第四，用户界面风格不一，使用繁杂，不利于推广使用。

第五，软件移植困难。采用不同开发工具或平台开发的软件，一般互不兼容，不能或很难移植到其他平台上运行。

第六,软件维护和升级困难。采用C/S体系结构的软件要升级,开发人员必须到现场为客户端升级,每个客户端上的软件都需要维护。对软件的一个小小改动(例如只改动一个变量)每一个客户端都必须更新。

第七,新技术不能轻易应用。因为一个软件平台及开发工具一旦选定,不可能轻易改变。

五、三层C/S结构风格

C/S体系结构具有强大的数据操作和事务处理能力,模型思想简单,易于人们理解和接受。但随着企业规模的日益扩大,软件的复杂程度不断提高,传统的二层C/S结构存在以下几个局限。

第一,二层C/S结构是单一服务器且以局域网为中心的,因此难以扩展至大型企业广域网或Internet。

第二,软、硬件的组合及集成能力有限。

第三,客户机的负荷太重,难以管理大量的客户机,系统的性能容易变差。

第四,数据安全性不好。因为客户端程序可以直接访问数据库服务器,所以在客户端计算机上的其他程序也可想办法访问数据库服务器,从而使数据库的安全性受到威胁。

正是因为二层C/S体系结构有这么多缺点,所以三层C/S体系结构应运而生。与二层C/S结构相比,在三层C/S体系结构中,增加了1个应用服务器,可以将整个应用逻辑驻留在应用服务器上,而只有表示层存在于客户机上。这种结构被称为"瘦客户机"。三层C/S体系结构将应用功能分成表示层、功能层和数据层3个部分。

(一)表示层

表示层是应用的用户接口部分,它担负着用户与应用间的对话功能。它用于检查用户从键盘等输入的数据,显示应用输出的数据。为使用户能直观地进行操作,一般要使用图形用户界面,操作简单、易学易用。在变更用户界面时,只需改写显示控制和数据检查程序,而不影响其他两层。检查的内容也只限于数据的形式和取值范围,不包括有关业务本身的处理逻辑。

(二)功能层

功能层相当于应用的本体,它用于将具体的业务处理逻辑编入程序。例如,在制作订购合同时要计算合同金额,按照定好的格式配置数据、打印订购合同,而处理所需的数据则要从表示层或数据层取得。表示层和功能层之间的数据交往要尽可能简洁。例如,用户检索数据时要设法将有关检索要求的信息一次性地传给功能层,而由功能层处理过的检索结果数据也一次性地传给表示层。

通常,在功能层中包含确认用户对应用和数据库存取权限的功能以及记录系统处理日志的功能。功能层的程序多半是用可视化编程工具开发的，也有使用 COBOL 和 C 语言的。

（三）数据层

数据层就是数据库管理系统，负责管理对数据库数据的读写。数据库管理系统必须能迅速执行大量数据的更新和检索。现在的主流是关系型数据库管理系统（RDBMS），因此一般从功能层传送到数据层的要求大都使用 SQL 语言。

三层 C/S 的解决方案：对这三层进行明确分割，并在逻辑上使其独立。原来的数据层作为数据库管理系统已经独立出来，因此关键是要将表示层和功能层分离成各自独立的程序，并且还要使这两层间的接口简洁明了。

一般情况是只将表示层配置在客户机中。如果连功能层也放在客户机中，则与二层 C/S 体系结构相比，其程序的可维护性要好很多，但是其他问题并未得到解决。客户机的负荷太重，其业务处理所需的数据要从服务器传给客户机，因此系统的性能容易变差。

如果将功能层和数据层分别放在不同的服务器中，则服务器和服务器之间也要进行数据传送。但是，由于在这种形态中三层是分别放在各自不同的硬件系统上的，因此灵活性很高，能够适应客户机数目的增加和处理负荷的变动。例如，在追加新业务处理时，可以相应增加装载功能层的服务器。因此系统规模越大，这种形态的优点就越显著。

在三层 C/S 体系结构中，中间件是最重要的构件。所谓中间件是一个用 API 定义的软件层，是具有强大通信能力和良好可扩展性的分布式软件管理框架。它的功能是在客户机和服务器或者服务器和服务器之间传送数据，实现客户机群和服务器群之间的通信。其工作流程是，在客户机里的应用程序需要驻留网络上某个服务器的数据或服务时，搜索数据的 C/S 应用程序需要访问中间件系统，该系统将查找数据源或服务，并在发送应用程序请求后重新打包响应，将其传送回应用程序。

六、异构结构风格

（一）使用异构结构的原因

随着软件系统规模的扩大，系统也越来越复杂，所有的系统不可能都在单一的、标准的结构上进行设计，这主要有以下几点原因。

从最根本上来说，不同的结构有不同的处理能力的强项和弱点，一个系统的体系结构应该根据实际需要进行选择，以解决实际问题。

关于软件包、框架、通信以及其他一些体系结构上的问题，目前存在多种标准。即使在某段时间内某一种标准占统治地位，但变动最终是绝对的。

实际工作中，我们总会遇到一些遗留下来的代码，它们仍有效用，但是却与新系统有某种程度上的不协调。然而在许多场合，将技术与经济综合进行考虑时，总是决定不再重写它们。

即使在某单位中,规定了共享共同的软件包或相互关系的一些标准,仍会存在解释或表示习惯上的不同。在 UNIX 中就可以发现这类问题:即使规定用单一的标准(ASCII)来保证过滤器之间的通信,但因为不同人关于在 ASCII 流中信息如何表示的不同的假设,不同的过滤器之间仍可能不协调。因此,现有的许多系统不是纯的、单一的体系结构风格,而是几种不同风格的组合,这被称为异构的体系结构。

(二)异构体系结构的组织

通过层次结构。在单体系结构风格的系统中,各个部件可以由一些完全不同风格的内部结构构成。例如,在 UNIX 管道线中,单个部件可以使用任何风格,甚至包括另一个管道和过滤器系统。连接件也可以按层次结构进行分解,每层由不同结构风格构成。例如,一个管道连接件可以由一个 FIFO 队列实现。

在一个完全不同的体系结构风格中对每层的体系结构都作尽可能详细的说明。允许一个单独的部件使用不同体系结构的连接件。例如,一个部件可以通过它的接口去访问一个仓库,同时通过管道与系统中的其他部件进行交互,并且能够通过其接口的另一部分接收控制信息。

第三章　软件生命周期

　　软件生命周期（SDLC，软件生存周期）是软件的产生直到报废的生命周期，周期内有问题定义、可行性分析、总体描述、系统设计、编码、调试和测试、验收与运行、维护升级到废弃等阶段，这种按时间分阶段的思想方法是软件工程中的一种思想原则，即按部就班、逐步推进，每个阶段都要有定义、工作、审查，形成文档以供交流或备查，以提高软件的质量。但随着新的面向对象的设计方法和技术的成熟，软件生命周期设计方法的指导意义正在逐步减少。本章将对软件生命周期以及软件生命周期模型等内容进行阐述。

第一节　软件生命周期概述

一、模型的定义及作用

　　定义软件生命周期之前须先定义什么是模型，以及模型对于软件开发的作用。模型是实际事物实际系统的抽象化表示，是针对所须了解和解决的问题，抽取其主要因素和主要矛盾，忽略一些不影响基本性质的次要因素，形成对问题域的表示方法。

　　模型的表示形式有多种，最直接的就是人们常见的数学表达式、物理模型或图形文字描述等。总之，能回答所需研究问题的实际事物或系统的抽象表达式，都可以称为模型。由于模型省略了一些不必要的细节，所以对模型操作比对原始系统操作更加容易。模型从实际系统中提取而来，反之，又可以通过对模型的理解作用于其他的实际系统中。

　　软件过程模型是从一个特定角度提出的对软件开发过程的简化描述或称之为框架描述，是对软件开发实际过程的抽象，包括构成软件过程的各种活动、软件工件，以及参与开发的角色等元素。由软件过程的 3 个组成成分可以将软件过程模型划分为以下 3 种类型。

　　①工作流模型：这类模型描述软件过程中各种活动的序列、输入和输出，以及各种活动之间的相互依赖性。它强调软件过程中活动的组织控制策略。

　　②数据流模型：这类模型描述将软件需求变换成软件产品的整个过程中的活动，这些活动完成将输入工件变换成输出工件的功能。它强调软件过程中工件的变换关系，对工件变换的具体实现措施没有加以限定。

　　③角色/动作模型：这类模型描述参与软件过程的不同角色及其各自负责完成的动作，

即根据不同的参与角色将软件过程应该完成的任务划分成不同的职能域。它强调软件过程中角色的划分、角色之间的协作关系,并对角色的职责和活动进行具体的确定。

这3种类型的软件过程模型又可以在具体的软件开发过程中具体化为软件生命周期模型,软件生命周期模型根据发展的时间历程分为传统的软件生命周期模型和现代软件生命周期模型。

二、软件生命周期的概念

软件的生命周期是指一个软件从提出开发要求开始,直到该软件废弃不用的整个时期。从时间的角度可把软件的生命周期依次划分为若干个阶段,即问题定义、可行性研究、需求获取与分析、概要设计、详细设计、编码(包括单元测试)、综合测试(集成测试、确认测试、系统测试、验收测试)、运行与维护。

把软件的生命周期划分为若干阶段,每个阶段都有明确的任务,然后逐步完成每个阶段的任务,使规模较大和管理复杂的软件开发变得容易管理和控制。这几个阶段可归纳为3个时期,即软件定义时期、软件开发时期和软件运行与维护时期。

三、软件生命周期的过程

(一)制订计划

确定待开发软件系统的总目标,给出它的功能、性能、可靠性及接口等方面的要求。由系统分析员和用户合作,研究完成该项软件系统任务的可行性,探讨解决问题的可能方案,并对可利用的资源(计算机硬件、软件、人力等)、成本、可取得的效益、开发的进度进行估计,制订出完成开发任务的实施计划,连同可行性研究报告,提交管理部门审查。

①问题定义:通过调研,提出要解决的问题、工程目标和规模,形成用户的初步需求报告并得到用户的确认。

②可行性论证:根据用户确认的初步用户需求报告和现实环境条件,从技术、经济和社会等方面研究并论证软件系统的可行性,对方案进行选择并形成可行性分析报告。

③制订初步的项目开发计划:包括选用资源、定义任务、风险分析、成本估算、成本效益分析及工程进度安排等。

(二)需求分析

在确定软件开发可行的情况下,对软件需要实现的各个功能进行详细分析。需求分析阶段是一个很重要的阶段,这一阶段做得好,将为整个软件开发项目的成功打下良好基础。"唯一不变的是变化本身"。同样,需求也是在整个软件开发过程中不断变化和深入的,因此必须制订需求变更计划来应付这种变化,以保护整个项目的顺利进行。

①需求调查:对软件的需求及其使用环境进行详细调查,掌握用户的要求和环境所能

提供的条件。

②功能、性能与环境约束分析：根据掌握的情况，对软件系统的功能（即回答系统必须做什么）、性能（包括软件的安全性、可靠性、可维护性、精度、错误处理、适应性及用户培训等）和环境约束（指待开发的软件系统必须满足运行环境方面的要求）进行分析研究，与用户取得一致的认识。

③编制软件需求规格说明：把软件系统的功能需求、性能需求、接口需求、设计需求、基本结构、开发标准及验收原则等写成软件需求规格说明，并得到用户的确认。

④制定软件系统的确认测试准则和用户手册概要：根据确认的软件开发标准及验收原则制定具体的软件确认测试准则和用户手册概要或提纲。

（三）软件设计

此阶段主要根据需求分析的结果，对整个软件系统进行设计，如系统框架设计、数据库设计等。软件设计一般分为总体设计和详细设计。好的软件设计将为软件程序编写打下良好的基础。

1. 概要设计阶段

①建立软件系统的总体结构：根据软件需求规格说明，对软件系统的总体功能进行模块分解，形成系统的功能结构图。

②定义功能模块的接口：定义模块的功能和模块之间的关系，给出各模块接口界面的定义。

③设计全局数据库和数据结构：从应用问题的领域出发，定义基本数据项和数据结构的属性，设计全局数据库的逻辑结构。

④规定设计约束：定义软件系统的边界，并给出系统设计的约束说明。

⑤编制概要设计文档：包括概要设计说明书、数据库或数据结构说明书和组装测试计划等文件。

2. 详细设计阶段

①模块详细设计：包括模块的详细功能、算法、数据结构和模块间的接口信息等设计，拟定模块测试方案。

②编制模块的详细规格说明：把模块详细设计的结果汇总，形成模块详细规格说明书。

（四）程序编码

此阶段是将软件设计的结果转换成计算机可运行的程序代码。在程序编码中必须制定统一、符合标准的编写规范，以保证程序的可读性、易维护性，提高程序的运行效率。

（五）软件测试

在软件设计完成后要经过严密的测试，以发现软件在整个设计过程中存在的问题并加以纠正。整个测试过程分单元测试、组装测试（集成测试）以及系统测试三个阶段进行。测试的方法主要有白盒测试和黑盒测试两种。在测试过程中需要建立详细的测试计划并严格按照测试计划进行测试，以减少测试的随意性。

①单元测试：对模块程序进行测试，验证模块功能及接口与详细设计文档的一致性并形成单元测试报告。

②组装测试：在单元测试的基础上，测试在将所有的软件单元按照概要设计规格说明的要求组装成模块、子系统或系统的过程中各部分工作是否达到或实现相应技术指标及要求的活动。也就是说，在组装测试之前，单元测试应该已经完成，组装测试中所使用的对象应该是已经经过单元测试的软件单元。这一点很重要，因为如果不经过单元测试，那么组装测试的效果将会受到很大影响，并且会大幅增加软件单元代码纠错的代价。

③软件系统测试：根据软件需求规格说明定义的全部功能和性能要求及软件确认测试准则，对软件系统进行总测试。

（六）运行维护

交付用户的软件投入正式使用，便进入运行与维护阶段。这一阶段持续到用户不再使用该软件为止。软件在运行中可能由于多方面的原因，须对它进行修改。其原因可能有：运行中软件出现错误，须修正；为了适应软件运行环境的变化，须适当变更；为了增强软件的功能，须变更。软件生命周期的长短取决于很多的因素，不考虑硬件环境的快速发展因素时，通常影响软件生命周期的因素是软件的质量、软件的灵活性和适应能力。软件的生命周期越长，说明该软件的价值越高，开发和维护软件的成本越低。

①使用阶段：将软件安装在用户确定的运行环境中使用。

②维护阶段：对软件产品进行修改或根据软件需求变化做出响应，并对所有的维护写出维护报告。

③退役阶段：软件一旦完成了使命，或者一个新的软件生命周期即将开始，就要终止对原软件产品的支持，停止使用该软件。

综合软件生命周期的各个过程阶段，可绘制出软件生命周期模型，如图3-1所示。

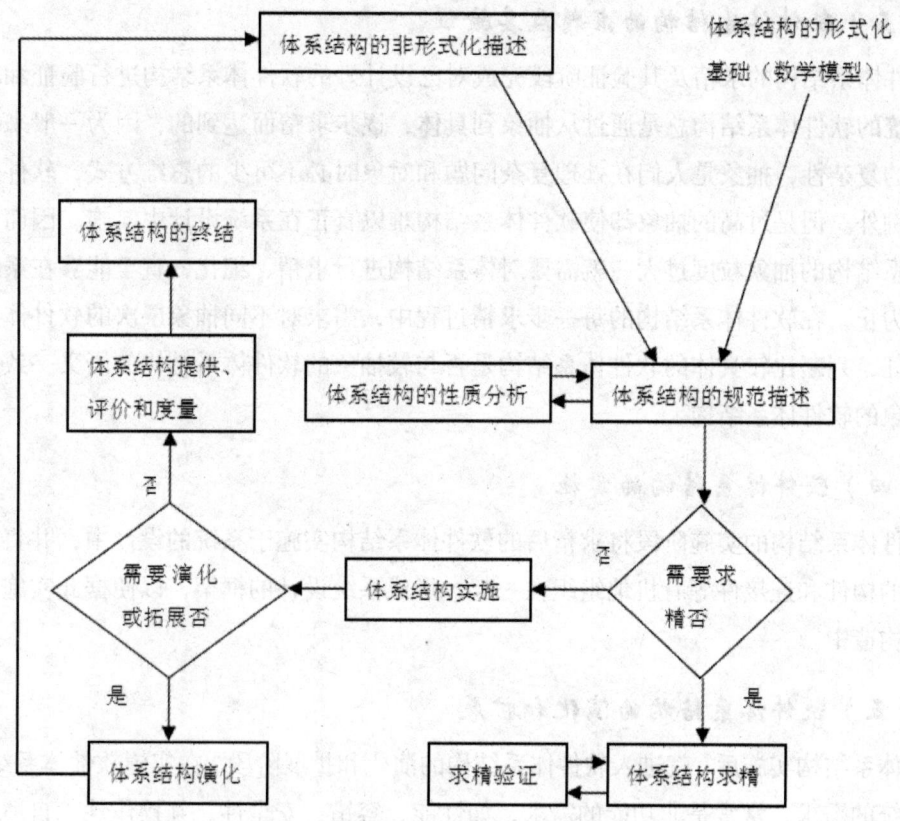

图3-1 软件体系结构的生命周期模型

四、关于生命周期模型的深化解释

（一）软件体系结构的非形式化描述

在软件体系结构的非形式化描述阶段，对软件体系结构的描述尽管常用自然语言，但是该阶段的工作却是创造性和开拓性的。一种软件体系结构在其产生时，其思想通常是简单的，并常常由软件设计师用非形式化的自然语言表示概念、原则。例如，客户/服务器体系结构就是为适应分布式系统的要求，从主从式演变而来的一种软件体系结构。

（二）软件体系结构的规范描述和分析

软件体系结构的规范描述和分析阶段通过运用合适的形式化数学理论模型对第一阶段的体系结构的非形式化描述进行规范定义，从而得到软件体系结构的形式化规范描述，以使软件体系结构的描述精确、无歧义，并进而分析软件体系结构的性质，如无死锁性、安全性、活性等。分析软件体系结构的性质有利于在系统设计时选择合适的软件体系结构，从而对软件体系结构的选择起指导作用，避免盲目选择。

(三)软件体系结构的求精及其验证

软件体系结构的求精及其验证阶段完成对已设计好的软件体系结构进行验证和求精。大型系统的软件体系结构总是通过从抽象到具体,逐步求精而达到的,因为一般来说,由于系统的复杂性,抽象是人们在处理复杂问题和对象时必不可少的思维方式,软件体系结构也不例外。但是过高的抽象却使软件体系结构难以真正在系统设计中实施。因而,如果软件体系结构的抽象粒度过大,就需要对体系结构进行求精、细化,直至能够在系统设计中实施为止。在软件体系结构的每一步求精过程中,需求对不同抽象层次的软件体系结构进行验证,判断比较具体的软件体系结构是否与较抽象的软件体系结构的语义一致,并能实现抽象的软件体系结构。

(四)软件体系结构的实施

软件体系结构的实施阶段将求精后的软件体系结构实施于系统的设计中,并将软件体系结构的构件和连接件等有机地组织在一起,形成系统设计的框架,以便据此实施于软件设计和构造中。

(五)软件体系结构的演化和扩展

在体系结构实施后,就进入软件体系结构的演化和扩展阶段。在实施软件体系结构时,根据系统的需求,常常是非功能的需求,如性能、容错、安全性、互操作性、自适应性等非功能性质影响软件体系结构的扩展和改动,这称为软件体系结构的演化。由于对软件体系结构的演化常常由非功能性质的非形式化需求描述引起,因而需要重复第一步,如果由于功能和非功能性质对以前的软件体系结构进行演化,就要设计软件体系结构的理解,需要进行软件体系结构的逆向工程和再造工程。

(六)软件体系结构的提供、评价和度量

软件体系结构的提供、评价和度量阶段通过将软件体系结构实施于系统设计后,系统实际的运行情况,对软件体系结构进行定性的评价和定量的度量,以利于对软件体系结构的重用,并取得经验教训。

(七)软件体系结构的终结

如果一个软件系统的软件体系结构进行多次演化和修改,软件体系结构已变得难以理解更重要的是不能达到系统设计的要求,不能适应系统的发展。这时,对该软件体系结构的再造工程既不必要、也不可行,说明该软件体系结构已经过时,应该摒弃,以全新的满足系统设计要求的软件体系结构取而代之。这个阶段被称为软件体系结构的终结阶段。

第二节 软件生命周期模型

一、瀑布模型

（一）瀑布模型的概念

在软件开发早期，软件开发简单地分成编写程序代码和修改程序代码两个阶段。拿到项目后根据需求开始编写程序，调试通过后交付用户使用，项目即结束。如果应用中出现错误，或者有新的要求，必须修改代码。

这种小作坊式的软件开发方式有明显的弊端：缺乏统一的项目规划、不太重视需求的获取和分析、对软件的测试和维护考虑不周等都会导致软件已开发出来的功能废弃，进而重新开发，甚至导致软件项目失败，这种情况在软件项目规模增大时表现特别明显。

吸取软件危机带来的教训，并为了增加使用者的满意度，以及降低软件开发成本，借鉴生产制造，以及计算机硬件开发的成功经验，人们开始按照工程的管理方式将软件开发划分成不同的开发阶段：制订计划、需求分析和定义、软件设计、程序编写、软件测试、运行/维护等6个步骤。1970年，Winston Royce（温斯顿·罗伊斯）在"软件生命周期"概念的基础上，提出了"瀑布模型"。

瀑布模型可以说是最早使用的软件生命周期模型之一。由于这个模型描述了软件生命的一些基本过程活动，所以它称为软件生命周期模型。瀑布模型将软件生命周期划分为制订计划（又可分为问题定义和可行性分析）、需求分析、软件设计、程序编写软件测试和运行维护等六个基本活动，并且规定了它们自上而下、相互衔接的固定次序，如同瀑布流水，逐级下落。因此人们更常把它称为瀑布模型。瀑布模型如图3-2所示。

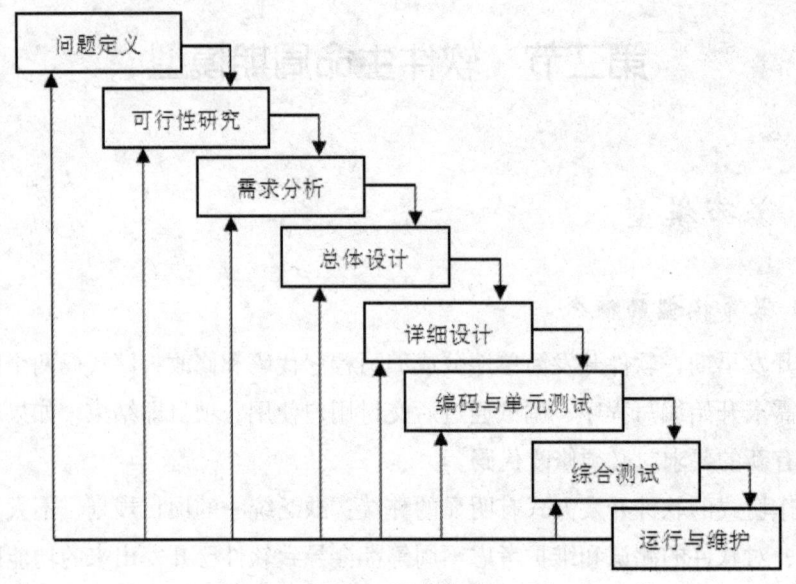

图3-2 瀑布模型

在瀑布模型中,软件开发的各项活动严格按照线性方式进行,当前活动接受上一项活动的工作结果,实施完成所需的工作内容。当前活动的工作结果需要进行验证,如果验证通过,则该结果作为下一项活动的输入,继续进行下一项活动,否则返回修改。

瀑布模型的特点如下所示。

①各阶段间具有顺序性和依赖性。即后一阶段工作必须在前一阶段工作完成后才能进行,前一阶段的输出文档是后一阶段的输入文档。

②质量保证机制的依赖性。即每一步都必须循序渐进,及早消除故障隐患,保证本阶段的工作的质量,从而达到保证整体软件质量的目的。

③推迟实现原则。前一阶段工作做得越细、越扎实,后一阶段工作就会进行得越顺利。因此,各阶段工作可能是一拖再拖,致使整个工期推迟实现。

如果一个项目在开发周期内,分析人员对应用领域很熟悉,软件需求很少变化,用户使用环境稳定,这时可以选择瀑布模型进行软件开发。如系统软件、工具软件等采用瀑布模型。

瀑布模型的特点是因果关系紧密相连,前一个阶段工作的结果是后一个阶段工作的输入。或者说每一个阶段都是建筑在前一个阶段正确结果之上,前一个阶段的错漏会隐蔽地带到后一个阶段。这种错误有时甚至可能是灾难性的。因此每个阶段工作完成后,都要进行审查和确认,这是非常重要的。历史上,瀑布模型起到重要作用,它的出现有利于人员的组织管理,有利于软件开发方法和工具的研究。

(二)瀑布模型的优点

瀑布模型为软件开发和软件维护提供一种有效的管理模式,在软件开发早期为消除非结构化软件、降低软件复杂度、促进软件开发工程化方面有显著的作用，其优点体现在以下 3 方面。

①软件生命周期的阶段划分不仅降低软件开发的复杂程度，而且提高软件开发过程的透明程度，便于将软件工程过程和软件管理过程有机地融合，从而提高软件开发过程的可管理程度。

②推迟软件实现，强调在软件实现前必须进行分析和设计工作。早期的软件开发，或者没有软件工程实践经验的软件开发人员，接手软件项目时往往急于编写代码，缺乏分析基础工作，最后导致代码频繁、重复地改动，代码结构变得不清晰，甚至混乱，不仅降低工作效率，而且直接影响到软件的质量。

③瀑布模型以项目的阶段评审和文档控制为手段有效地对整个开发过程进行指导，保证阶段之间正确衔接，能够及时发现并纠正开发过程中存在的缺陷，从而能够使产品达到预期的质量要求。由于通过文档控制软件开发阶段的进度，在正常情况下可以保证软件产品及时交付。一旦出现频繁的缺陷，特别是前期存在但潜伏到后期才发现的缺陷，则导致不断返工，从而导致进度拖延。

（三）瀑布模型的缺点

瀑布模型强调文档的作用，并要求每个阶段都要仔细验证。但是，这种模型的线性过程太理想化，已不再适合现代的软件开发模式，几乎被业界抛弃，其主要问题如下所示。

①软件需求分析的准确性很难确定，甚至是不可能和不现实的。因为用户不理解计算机无法回答目标系统是"什么"的情况，对系统将来的改变部分难以确定，往往用"我不能准确地告诉你"回答开发人员。

②用户和软件项目负责人要相当长的时间才能得到初始版本。这时系统如果改变需求，将会带来巨大的损失（如人力、财力时间等）。该模型的应用有一定的局限性。

③模型的风险控制能力较弱。一方面体现在软件成品，只有当软件通过测试后才能可见，用户无法在开发过程中间看到的软件半成品，增加了降低用户满意度的风险；软件开发人员只有到后期才能看到开发成果，降低了开发人员的信心。另一方面体现在软件体系结构级别的风险只有在整体组装测试之后才能发现；同样，前期隐匿的错误也只能在固定的测试阶段才能被发现，这个时候的返工极有可能导致项目延期。

④瀑布模型中的软件活动是由文档驱动的，当阶段之间规定过多的文档时，则极大地增加系统的工作量；当管理人员以文档的完成情况来评估项目完成进度时，往往会产生错误的结论，因为后期测试阶段发现的问题导致返工，前期完成的文档只不过是一个未经返工修改的初稿，而一个应用瀑布模型无须返工的项目是很少见的。

二、增量模型

(一) 增量模型的概念

增量模型融合了瀑布模型的基本成分（重复应用）和原型实现的迭代特征，该模型采用随着日程时间的进展而交错的线性序列，每一个线性序列产生软件的一个可发布的"增量"。当使用增量模型时，第1个增量往往是核心的产品，即第1个增量实现了基本的需求，但很多补充的特征还没有发布。客户对每一个增量的使用和评估都作为下一个增量发布的新特征和功能，这个过程在每一个增量发布后不断重复，直到产生了最终的完善产品。瀑布模型利用阶段评审和文档控制保证软件项目的进度和质量，但缺乏适应变化需求的灵活性；演进模型能够适应变化的需求，却导致系统体系结构混乱、管理不透明等问题，从而失去瀑布模型的优点。增量模型结合瀑布模型和演化模型的优点。

在增量模型中，客户大概或模糊地提出系统须提供的服务或功能，即给出系统的需求框架，以及这些服务或功能的重要作用，从而可以确定系统需求实现的优先级。为了避免多个增量集成时导致不一致的系统体系结构，增量模型在获取系统框架需求后，针对核心需求及系统的性能要求确定系统的体系结构，并以此体系结构指导增量的集成，保证在整个开发过程中体系结构稳定。

增量模型的特点是引进了增量包的概念，无须等到所有需求都出来，只要某个需求的增量包出来即可进行开发。虽然某个增量包可能还需要进一步适应客户的需求并且更改，但只要这个增量包足够小，其影响对整个项目来说是可以承受的。

与建造大厦相同，软件也是一步一步"建造"起来的。在增量模型中，软件被作为一系列的增量构件来设计、实现、集成和测试，每一个构件是由多种相互作用的模块所形成的提供特定功能的代码片段构成的。

增量模型在各个阶段并不交付一个可运行的完整产品，而是交付满足客户需求的一个子集的可运行产品。整个产品被分解成若干个构件，开发人员逐个构件地交付产品，这样做的好处是软件开发可以较好地适应变化，客户可以不断地看到所开发的软件，从而降低开发风险，如图3-3所示。

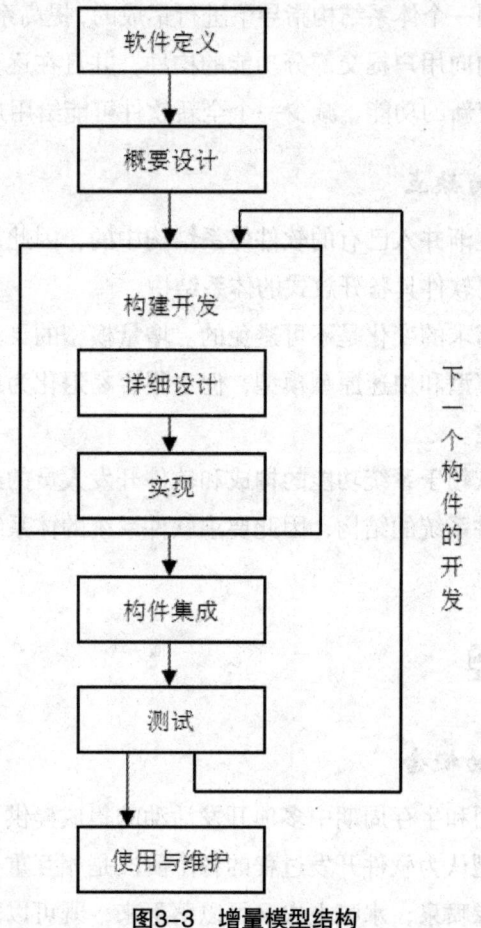

图3-3 增量模型结构

在使用增量模型时，第一个增量往往是实现基本需求的核心产品。核心产品交付用户使用后，经过评价形成下一个增量的开发计划，它包括对核心产品的修改和一些新功能的发布。这个过程在每个增量发布后不断重复，直到产生最终的完善产品。例如，使用增量模型开发处理软件时可以这样考虑：第一个增量发布基本的文件管理、编辑和文档生成功能；第二个增量发布更加完善的编辑和文档生成功能；第三个增量实现拼写和文法检查功能；第四个增量完成高级的页面布局功能。

（二）增量模型的优点

①客户可以在第一次增量后使用系统的核心功能，增强客户使用系统的信心，同时客户可以在此核心功能产品的基础上逐步提出对后续增量的需求。

②项目总体失败的风险较低，因为核心功能先开发出来，即使某一次增量失败，核心功能的产品客户仍然可以使用。另外，为了竞争的需要，当对手推出类似产品时，可以在尚未完成整体功能的情况下提前推出包含核心功能的产品，降低市场风险。

③由于增量是按照从高到低的优先级确定的，最高优先级的功能得到最多次的测试，保障系统重要功能部分。

④所有增量都是在同一个体系结构指导下进行集成的,提高系统的稳定度和可维护度。

⑤能在较短的时间内向用户提交部分功能的构件,并且在逐步增加产品功能的过程中有充裕的时间学习和适应新的功能,减少一个全新软件可能给用户带来的冲击。

(三)增量模型的缺点

①由于各个构件是逐渐并入已有的软件体系结构中的,因此加入构件必须不破坏已构造好的系统部分,这需要软件具备开放式的体系结构。

②在开发过程中,需求的变化是不可避免的。增量模型的灵活性可以使其适应这种变化的能力大大优于瀑布模型和快速原型模型,但也很容易退化为边做边改模型,从而使软件过程的控制失去整体性。

③增量构件的划分依赖于系统功能的构成和软件开发人员的经验;每次集成新的增量构件必须不破坏原有软件系统的结构,因此要求软件系统的体系结构必须具有高度的开放性和可扩充性。

三、喷泉模型

(一)喷泉模型的概念

喷泉模型对软件复用和生存周期中多项开发活动的集成提供了支持,主要支持面向对象的开发方法。喷泉模型认为软件开发过程的各个阶段是相互重叠和多次反复的,功能模块不是一次完成,而是像喷泉,水喷上去又可以落下来,既可以落在中间,又可以落到底部。各个开发阶段没有特定的次序要求,完全可以并行进行,可以在某个开发阶段中随时补充其他任何开发阶段中遗漏的需求。"喷泉"一词本身体现了迭代和无间隙特性。系统某个部分常常重复工作多次,相关功能在每次迭代中随之加入演进的系统。所谓无间隙,是指在开发活动,即分析、设计和编码之间不存在明显的边界,如图3-4所示。

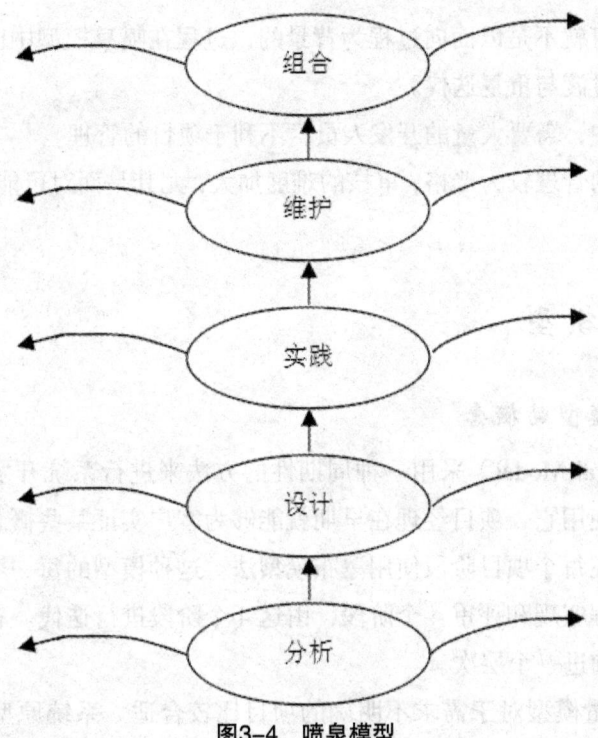

图3-4 喷泉模型

喷泉模型主要用于面向对象的软件项目,软件的某个部分通常被重复工作多次,相关对象在每次迭代中随之加入渐进的软件成分。各活动之间无明显边界,例如设计和实现之间没有明显的边界,这也称为喷泉模型的无间隙性。由于对象概念的引入,表达分析、设计、实现等活动只用对象类和关系,从而可以较容易地实现活动的迭代和无间隙。

喷泉模型不像瀑布模型那样,需要分析活动结束才开始设计活动,设计活动结束后才开始编码活动,喷泉模型的各个阶段没有明显的界线,开发人员可以同步进行开发。其优点是可以提高软件项目开发效率,节省开发时间,适应于面向对象的软件开发过程。由于喷泉模型在各个开发阶段是重叠的,因此,在开发过程中,需要大量的开发人员,以利于项目的管理;要求对文档的管理较为严格,审核的难度加大,尤其是面对可能随时加入各种信息、需求与资料。

(一)喷泉模型的优点

①各个阶段没有明显的界线,开发人员可以同步进行开发,可以提高软件项目开发效率,节省开发时间,适应于面向对象的软件开发过程。

②支持面向对象方法的软件开发过程,提供软件复用与生命周期中多开发活动集成的机制。

（二）喷泉模型的缺点

①喷泉模型本身就不是以面向过程为背景的，过程在喷泉模型中已被弱化，取而代之的是无间隙的阶段过渡与重复迭代。

②在开发过程中，需要大量的开发人员，不利于项目的管理。

③要求对文档的管理较为严格，审核的难度加大，尤其是面对可能随时加入各种信息、需求与资料。

四、螺旋模型

（一）螺旋模型的概念

螺旋模型（Spiral Model）采用一种周期性的方法来进行系统开发。这会导致开发出众多的中间版本。使用它，项目经理在早期就能够为客户实证某些概念。该模型以进化的开发方式为中心，在每个项目阶段使用瀑布模型法。这种模型的每一个周期都包括需求定义、风险分析、工程实现和评审4个阶段，由这4个阶段进行迭代。软件开发过程每迭代一次，软件开发又前进一个层次。

演化模型和增量模型对于需求不明确的项目比较合适。系统原型不仅能用来逐步明确需求，还可以来评价设计方案的可行性，评价实现技术的可行性，评价算法的性能等，但是对于大型项目及项目周期长且需求多变的情况，演化模型和增量模型都无法解决最终的系统产品能否满足用户的要求，最终可能会导致项目失败。这些导致项目失败的原因和风险应尽早在开发过程中处理和规避，即软件开发过程中的各类风险须进行甄别和处理，螺旋模型很大程度上解决这些问题。对于复杂的大型软件，开发一个原型往往达不到要求。螺旋模型将瀑布模型与快速原型模型结合起来，并且加入了这两种模型均忽略了的风险分析。

螺旋模型基本做法是在"瀑布模型"的每一个开发阶段前引入一个非常严格的风险识别、风险分析和风险控制，它把软件项目分解成一个个小项目。每个小项目都标识一个或多个主要风险，直到所有的主要风险因素都被确定。

螺旋模型强调风险分析，使得开发人员和用户对每个演化层出现的风险有所了解，继而做出应有的反应，因此特别适用于庞大、复杂并具有高风险的系统。对于这些系统，风险是软件开发不可忽视且潜在的不利因素，它可能在不同程度上损害软件开发过程，影响软件产品的质量。减小软件风险的目标是在造成危害之前，及时对风险进行识别及分析，决定采取何种对策，进而消除或减少风险的损害。螺旋模型沿着螺线旋转，如图3-5所示。

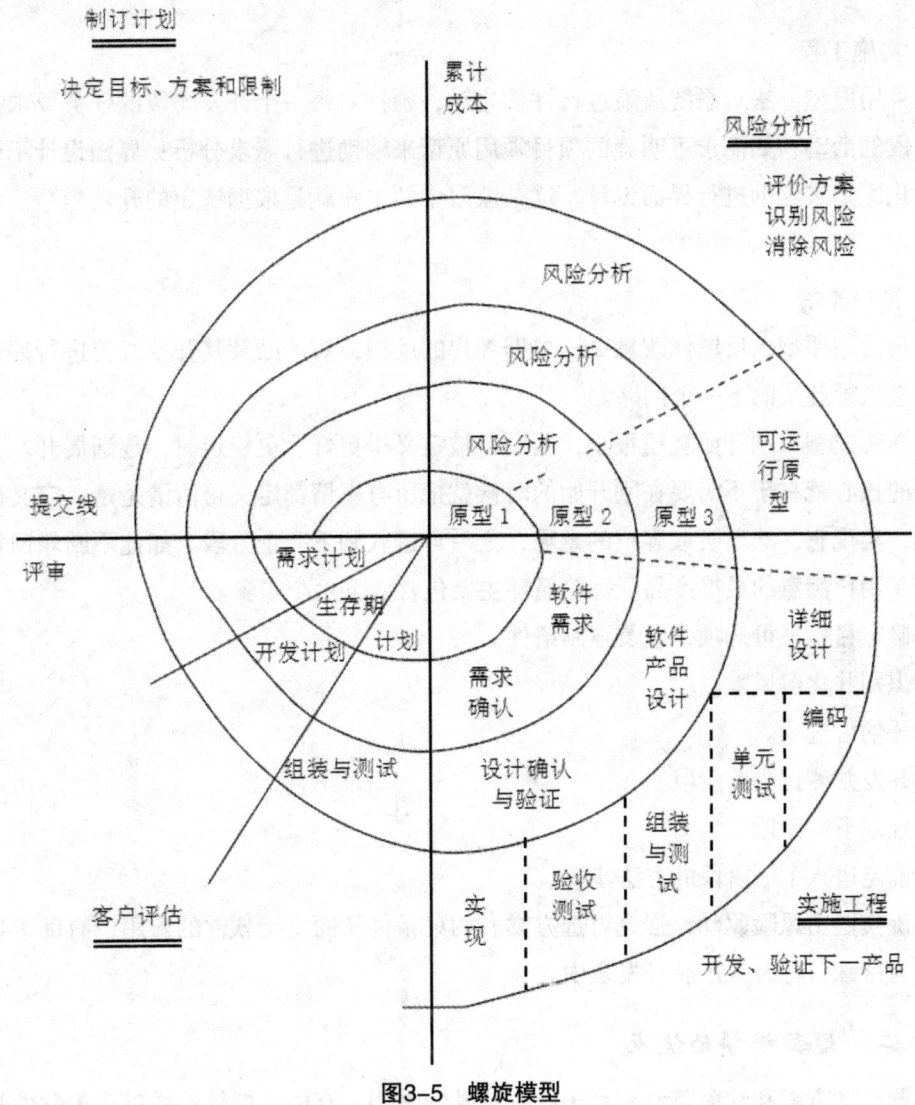

图3-5 螺旋模型

螺旋模型包括以下活动。

1. 制订计划

确定软件项目目标;明确对软件开发过程和软件产品的约束;制订详细的项目管理计划;根据当前的需求和风险因素,制定实施方案,并进行可行性分析,选定一个实施方案,并对其进行规划。

2. 风险分析

明确每一个项目风险,估计风险发生的概率、频率、损害程度,并制定风险管理措施,以规避这些风险,如需求不清晰的风险,须开发一个原型来逐步明确需求;可靠度要求较高的风险须开发一个原型来试验技术方案能否达到要求;对于时间性能要求较高的风险须开发一个原型来试验算法性能能否达到时间要求等。风险管理措施应该纳入选定的项目实施方案。

3. 实施工程

当采用原型方法对系统风险进行评估之后，须针对每一个开发阶段的任务要求执行本开发阶段的活动，如需求不明确的项目须用原型来辅助进行需求分析；界面设计不明确时须用进化原型来辅助进行界面设计，这一象限中的工作就是根据选定的开发模型进行软件开发。

4. 客户评估

客户使用原型，反馈修改意见；根据客户的反馈，对产品及其开发过程进行评审，决定是否进入螺旋线的下一个回路。

"螺旋模型"刚开始规模很小，当项目被定义得更好、更稳定时，逐渐展开。"螺旋模型"的核心就在于不需要在刚开始的时候就把所有事情都定义得清清楚楚。定义最重要的功能，实现它，然后听取客户的意见，之后再进入到下一个阶段。如此不断轮回重复，直到得到用户满意的最终产品。每轮循环主要包含以下六个步骤。

①确定目标，可选项，以及强制条件。
②识别并化解风险。
③评估可选项。
④开发并测试当前阶段。
⑤规划下一阶段。
⑥确定进入下一阶段的方法步骤。

螺旋模型由风险驱动，强调可选方案和约束条件从而支持软件的重用，有助于将软件质量作为特殊目标融入产品开发之中。

（二）螺旋模型的优点

强调可选方案和约束条件有利于已有软件的重用，有助于把软件质量作为软件开发的一个重要目标，减少因测试不足带来的风险。维护看成是模型的另一个周期，在维护和开发之间没有本质的区别。

（三）螺旋模型的缺点

要求软件开发人员具有丰富的风险评估经验和有关的专门知识，开发过程比较复杂，给过程管理和控制带来了一定的难度。

五、V型模型

（一）V型模型的概念

瀑布模型将测试作为软件实现之后的一个独立阶段，使得在分析和设计阶段潜在的错误得到纠正的时机大为推迟,造成较大的返工成本,而且体系结构级别的缺陷也只能在测试阶段才能被发现,使得瀑布模型驾驭风险的能力较低。V型模型是瀑布模型的一个变种,如图3-6所示。它同样需要一步一步进行,前一个阶段的任务完成之后才可以进行下一阶段的任务。这个模型强调测试的重要性,它将开发活动与测试活动紧密地联系在一起,每一步都将比前一阶段进行更加完善的测试。

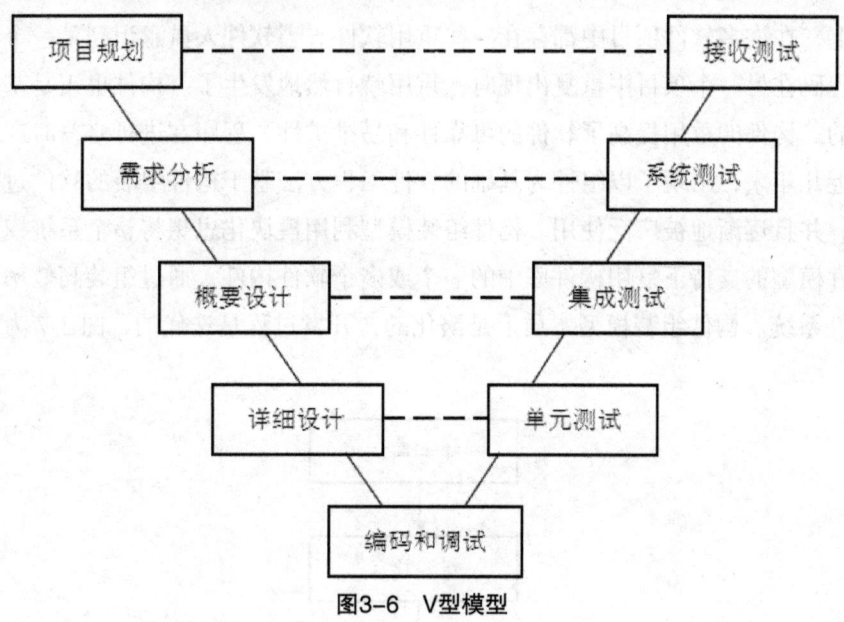

图3-6　V型模型

实验证明,一个项目50%以上的时间花在测试上。通常,大家对测试存在着一种误解认为测试是开发周期的最后一个阶段。其实,早期的测试对提高产品质量、缩短开发周期起着重要作用。V型模型也正好说明了测试的重要性,它是与开发并行的,这个模型体现了全过程的质量意识。

(一) V型模型的优点

① 简单易用,只要按照规定的步骤一步一步执行即可。

② V型模型强调测试过程与开发过程的对应性和并行性,例如单元测试对应详细设计,集成测试对应概要设计,系统测试对应需求分析。

③ V型模型没有反映实际的开发过程。实际的开发过程会有很多的迭代过程,比如实施过程中会发现设计中的问题,然后去修正,测试过程中也会返回前一段,重新做一些事情。

(二) V型模型的缺点

V模型虽然强调测试阶段的重要作用(对测试进行分级,并和开发阶段相对应),但它保留了瀑布模型的缺点,即将测试作为一个独立的阶段,所以并没有提高模型抵抗风险的能力。为了尽早发现分析与设计的缺陷,必须将测试广义化,即扩充确认(validation)

和验证（Verification）内容，并将广义的测试作为一个过程贯穿整个软件生命周期。

六、构件组装模型

（一）构件组装模型的概念

事实上，在许多软件项目中都存在一些重用软件。当软件人员意识到某一个项目中的设计或者代码在另一个项目中重复出现时，重用就自然地发生了。构件也正是基于这一思想而产生的。构件的重用提高了软件的可靠性和易维护性，程序在进行修改时产生较少的副作用。近几年来，出现了以组件为基础的软件工程方法基于构件组装的软件过程模型也随之产生，并且逐渐地被广泛使用。构件组装模型利用模块化思想将整个系统模块化，并在一定构件模型的支持下复用构件库中的一个或多个软件构件，通过组装高效率、高质量地构造软件系统。构件组装模型本质上是演化的，开发过程是迭代的，图3-7为构件组装模型。

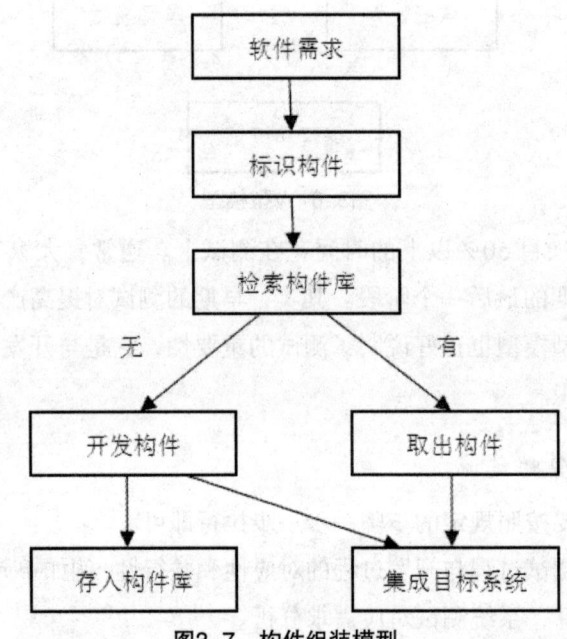

图3-7 构件组装模型

人们可以把软件工程项目所创建的构件不断地积累和存储在一个构件库中，在一个系统开发过程中，一旦标识出候选构件，则可以在构件库中检索该构件，确认这些构件是否存在，如果构件已存在就可以从构件库中取出重用。如果一个候选构件在构件库中并不存在，那么，就要进行新构件的开发。新构件开发成功后，一方面用它来构造目标系统，另一方面可以把它存入构件库中。软件目标系统是基于可重用构件的一种集成这将大大地提高软件的可靠性和生产率。显然，一个系统将依赖构件的健壮性。但毫无疑问，构件组装模型使软件可以重用，而重用给软件工程师提供大量的好处。构件组装模型具有极其广阔的实用性和深远的意义。

（二）构件组装模型的优点

①充分利用软件复用，提高软件开发的效率。构件可由一方定义其规格说明，被另一方实现，然后供给第三方使用。

②允许多个项目同时开发，降低费用，提高可维护性，可实现分步提交软件产品。

（三）构件组装模型的缺点

①由于存在多种构件标准，缺乏通用的构件组装结构标准，如果自行定义标准，会引入较大的风险。

②构件可重用性和软件系统高效率之间不易协调，须权衡。

③由于过度依赖构件，构件质量影响最终产品的质量，因此须严把构件质量关在进行构件组装之前还须对构件的语法和语义进行检查，确保构件的使用和集成是合适的。

七、原型模型

（一）原型模型的概念

对于规模较大或结构较复杂的软件系统，在软件系统开发前期，顾客往往对未来的新系统仅有一个比较模糊的想法。由于专业知识所限，软件系统开发人员对某些涉及具体领域的功能需求也不太清楚。虽然可以通过详细的系统分析和定义得到一份较好的分配需求，但却很难做到将整个软件系统描述完整、与实际环境完全相符，很难通过逻辑推断得出待开发的软件系统的运行效果。

因此，当软件系统建成以后，顾客对软件系统的功能或运行效果往往会觉得不满意，同时随着开发工作的不断深入，顾客会产生新的需求或因环境变化希望软件系统也能随之作相应变化，软件系统开发人员也可能因为碰到某些意料之外的问题希望对顾客需求做出权衡。

原型模型就是针对软件开发初期的软件系统需求难以确定情况而提出来的，它借鉴了建筑师在设计和建造原型方面的经验，使软件开发人员根据顾客提出的初步需求，快速地开发出一个原型，它是待开发的软件系统的雏形，它向顾客展示待开发软件系统的全部或部分功能和性能，在征求顾客对原型意见的过程中，逐步更改完善和确认软件系统的需求，直到与顾客达到一致的理解。

原型模型要求在获得顾客的一组基本需求后，快速地实现新系统的一个"原型"，顾客和开发者及其他有关人员在试用原型的过程中，加强通信和反馈，通过反复评价和反复更改原型，逐步确定各种需求的细节，适应需求的变化，从而最终提高软件产品的质量。因此可以认为原型模型确定顾客需求的策略，它对顾客需求的定义采用启发式的方法，引导顾客在对软件系统逐渐加深理解的过程中做出响应。原型模型结构如图3-8所示。

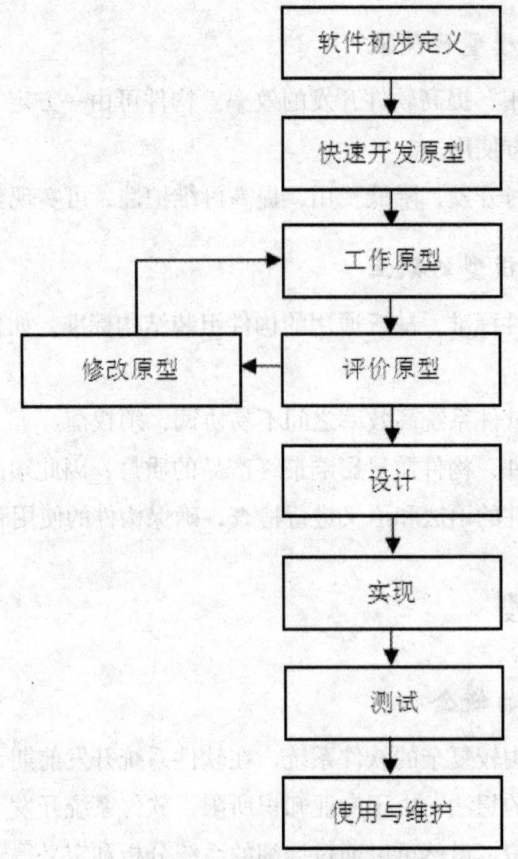

图3-8　原型模型结构图

原型模型是软件工程的一个有效模型,它能够使顾客和软件开发人员达成一致意见,形成共同的规则。但原型被建造仅仅是为了定义需求,之后该原型会被抛弃或部分被抛弃,实际交付的软件系统是在充分地了解顾客需求之后才能被开发出来。

理想状态下,原型模型可以作为标识软件需求的一种机制。如果建立了可运行的原型,软件开发人员就可以在此基础上利用已有的程序片段或使用工具来生成可交付的软件产品。

原型实现模型具有以下特点。

①利用原型实现技术能够快速实现一个可实际运行的系统初步模型,供开发人员和用户进行交流和评审,以便较准确获得用户的需求。

②采用逐步求精方法使原型逐步完善,即每次经用户评审后修改、运行,不断重复得到双方认可,这一个过程是迭代过程,它可以避免在瀑布模型冗长的开发过程中,看不见产品雏形的现象。

由于瀑布型的缺点,人们借鉴建筑师、工程师建造原型的经验,提出了原型模型。原型模型主要有以下两个阶段。

原型开发阶段:软件开发人员根据用户提出的软件系统的定义,快速地开发一个原型。该原型应该包含目标系统的关键问题和反映目标系统的大致面貌,展示目标系统的全部或部分功能、性能等。

开发原型可以考虑以下 3 种途径。

①利用模拟软件系统的人机界面和人机交互方式。

②真正开发一个原型。

③找来一个或几个正在运行的类似软件进行比较。

目标软件开发阶段：在征求用户对原型意见后对原型进行修改完善，对确认以软件系统的需求达到一致的理解，并进一步开发实际系统。但是在实际工作中，由于各种原因，大多数原型都废弃不用，仅仅把建立原型的过程当作帮助定义软件需要的一种手段。

原型模型的使用应该注意以下几点。

①用户对系统模糊不清，无法准确回答目标系统的需求。

②要有一定的开发环境和工具。

③经过对原型的若干次修改，应收敛到目标范围内，否则可能会失败。

④对大型软件来说原型可能非常复杂而难以快速形成，如果没有现成的，就不应考虑用原型法。

（二）原型模型的优点

从认知论的角度看，原型模型遵循人们认识事物的规律，因而更容易为人们所普遍接受。

①人们对任何事物的认知都不可能一蹴而就，也不可能尽善尽美。

②认识和学习的过程都是循序渐进的。

③对于事物的描述，往往都是受环境的启发而不断完善。

④人们批评指责一个已有的事物比空洞地描述各自的设想容易得多；改进一些事物比创造一些事物容易得多。

原型模型将模拟的手段引入分析的初期阶段，沟通人们的思想，缩短用户和开发人员之间的距离。

①所有问题的讨论都是围绕某一个确定原型而进行的，彼此之间不存在误解和答非所问的情况，为准确认识问题创造了条件。

②原型启发人们确切地描述原来想不到或不易准确描述的问题。

③能够及早地暴露出系统实现后存在的一些问题，促使人们在系统实现之前加以解决。

（三）原型模型的缺点

①文档容易忽略。这是由原型的快速构造本质特点决定的，对原型的后期改进和维护带来困难。但是，过多的文档影响原型快速构造，所以须权衡文档规范和原型快速之间的矛盾。

②建立原型的许多工作被浪费，特别是对于丢弃型原型策略。这样可能增加系统的开

发成本，降低系统的开发效率。

③项目难以规划和管理。一个软件项目到底应该建立几个原型，原型的演进到什么程度结束，这些问题经常困扰软件项目管理人员。

④产品原型在一定程度上限制了开发人员的创新。

⑤没有考虑软件的整体质量和长期的可维护性，由于达不到质量要求产品可能被抛弃，从而采用新的模型重新设计。

⑥原型实现模型不适合嵌入式、实时控制、科学数值计算等大型软件系统的开发。

第四章　软件工程

软件工程是研究和应用如何以系统性的、规范化的、可定量的过程化方法去开发和维护软件,以及如何把经过时间考验而证明正确的管理技术。在软件工程中,涉猎的学科较为广泛,其中计算机科学、数学用于构建模型和算法,工程科学用于制定规范、设计范型、评估成本及确定权衡,管理科学用于计划、资源、质量、成本等管理。本章将从三个角度对软件工程开发技术进行介绍,分别为基于搜索的软件工程开发技术、大数据时代软件工程开发技术以及云计算时代软件工程开发技术。

第一节　基于搜索的软件工程开发技术

一、SBSE 概述

SBSE 即基于搜索技术的软件工程,2001 年 Harman(哈曼)和 Jones(琼斯)正式提出将软件工程问题转化为基于搜索的优化问题,并采用遗传算法、模拟退火算法、禁忌搜索算法等为代表的现代启发式搜索算法来求解,"基于搜索的软件工程"这个名词也首次被 Harman 和 Jones(琼斯)使用。

SBSE 将基于搜索的技术用于解决各种包括需求工程、设计、编码、测试以及维护等方面软件工程问题的研究和实践领域。相对于传统的软件工程,在问题空间通过算法构造一个用来解决软件工程领域中的问题,SBSE 是在解空间中使用启发式搜索算法以具体问题的适应度函数作为搜索策略搜索最优解,它的提出为解决软件开发中遇到的问题提供了新的思路。

传统的软件工程的解决问题方法是在问题空间通过算法来构造一个解,而基于搜索的软件工程是在解空间(所有可能的解)中使用启发式搜索算法以具体问题的适应值函数作为向导搜索最优解。通常,使用基于搜索的优化算法解决问题,需要满足以下两个条件。

①设计出问题解决方案表达方式:对所需解决问题的结果,必须能通过相应的编码表示出来,以构成搜索算法中的染色体,进行相应的运算。

②设计出相应的适应度函数:对解进行评价,比较不同解之间的优劣。在搜索解空间内,适应度函数可以指引搜索的方向,寻找满足条件的区域。

由于基于搜索的软件工程解决问题的方法主要由以上两步组成，针对任何问题，只要能够设计出问题解的表示方式和适应度函数，就可以应用该方法，因此具有很强的普适性，可以方便地应用到不同领域问题上。另外，针对同一问题的不同规模，基于搜索的方法求解方式是不变的，因此容易扩展到大规模的工程问题求解上去。基于搜索的软件工程方法避免了传统方法的一些不足，能在尽可能降低成本的前提下尽可能高效地自动化完成软件开发任务，是软件工程领域中一种高效实用的新方法。

在基于搜索的软件工程框架中可以应用多种搜索方法，如遗传算法、爬山算法、模拟退火算法、蚁群算法、粒子群算法等。

①遗传算法

遗传算法（enetic Algorithm，GA）是一种仿生类搜索算法，最开始是美国密执安大学的J.Holland教授根据生物在自然环境中的遗传和进化过程所提出的遗传算法之后在多年的发展下，已经获得了丰富的研究与应用成果，同时也在多个领域取得巨大成功，也引起了许多领域专家的广泛关注。而且在近几年来学术界形成的进化计算热潮的带领下，计算智能已经成为人工智能领域研究的一个重要方向并受到泛的关注。

随着遗传算法本身的逐渐发展与成熟，遗传算法已经发展出了许多分支，使得其不再代表某一种算法，而是成为一类算法的总称。这类算法在求解问题时，首先会将其解集抽象成一个种群，种群由通过某种方式进行基因编码的个体组成，这些个体会按优胜劣汰的进化方式，选择更加优秀的个体并遗传到下一代，逐渐获得出越来越接近最优解的近似解。

遗传算法在整个演化过程中有许多变化，关键在于目标函数引导搜索过程的方式重组和基于种群的搜索过程。另一种独立于遗传算法的演化计算形式为演化策略，研究者证明其在测试数据生成方面优于遗传算法。其他遗传算法的变种包括遗传编程、粒子群优化算法、进化规划、进化策略等。各种演化算法已成功应用于基于搜索的软件工程中，包括制订能够捕捉软件项目的预测模型和软件测试中的应用。

②爬山算法

爬山算法（Hill Climbing，HC）是一种局部搜索算法。它从问题的某个可行解出发通过每次更改解的一个决策变量以寻找更好的解。根据更改决策变量方式的不同，爬山算法可以分为两种，即近邻爬山算法（next ascent hill climbing）和最陡爬山算法（steepest ascent hill climbing）。在近邻爬山算法中，更改首位决策变量以寻找更优解；在最陡爬山算法中，搜索所有决策变量的临近解以寻找更优解。如果对决策变量的更改能够得到一个更好的解，那么就以更改的决策变量进行再次搜索，重复此过程直至解质量无法再提高。

爬山算法从搜索空间中的一个解出发，通过不断迭代，最终可达到一个局部最优解。算法停止时得到的解的质量依赖于算法的初始解的选取、邻域选点的规则和算法的终止条件等。爬山算法作为一个简单高效的搜索算法已广泛应用于基于搜索的软件工程领域中。

③模拟退火算法

模拟退火（Simulated Annealing，SA），也叫作蒙特卡罗退火，是源于对热力学中退火过程的模拟。在给定某一温度下，通过缓慢下降温度参数，从而增加退火强度模拟退火算法可以视为爬山算法的一个变种，通过允许当前解移动到非最优个体来解决爬山算法容易陷入局部最优问题。这种算法首先选取搜索空间中的一个可行解作为搜索起始点，迭代过程中每一步先选择一个邻域点，然后计算从现有位置到达邻域居的概率。

模拟退火算法新解的产生和接受可分为以下步骤。

一，当前解经过简单地变换产生新的解，其中变换包括对构成新解的全部或部分元素进行置换、互换等。

二，计算当前解的目标函数值与新解所对应的目标函数值的差。

三，判断新解是否被接受，判断的依据是一个接受准则，例如最常用的接受准则是 Metropolis 准则。

四，当新解被确定接受时，就用新解代替当前解同时修正目标函数值。此时，实现了对当前解的一次迭代。

模拟退火算法具有渐近收敛性，在理论上已被证明它是一种以概率 1 收敛于全局最优解的全局优化算法。该算法已被广泛应用于基于搜索的软件工程的领域中。

④蚁群算法

蚁群算法（Ant Colony Optimization，ACO），又称蚂蚁算法，是一种用来在图中寻找优化路径的概率型算法。

蚁群算法的提出借鉴和吸收了现实世界蚂蚁集体寻径的行为特征。蚂蚁觅食过程中分泌一种信息索的物质，该物质随时间不断挥发。蚂蚁利用信息素作为媒介进行信息沟通，一条路径上留下的信息素浓度的大小与这条路径上通过的蚂蚁数成正比。当通过的蚂蚁越多，留下的信息素越多，导致后来蚂蚁选择该条路径的概率提高，从而建立最短的移动路径。这些规则综合起来具有两个方面的特点：多样性和正反馈。其中多样性保证了蚂蚁在觅食的过程不会走进死胡同而无限循环；正反馈机制则保证了相对优良的信息能够保存下来。蚁群算法已成功应用于基于搜索软件工程领域的软件测试中。

⑤粒子群算法

粒子群算法（Particle Swarm Optimization，PSO）是一种进化计算技术，是通过模拟鸟群觅食过程中的迁徙和群聚行为而提出的一种基于群体智能的全局随机搜索算法。粒子群算法将群体中的个体看作是在搜索空间中没有质量和体积的粒子，每个粒子以一定的速度在解空间运动，并向自身历史最佳位置和邻域历史最佳位置聚集，实现对候选解的优化。

粒子群算法随机选择一群粒子作为初始种群，然后通过迭代找到最优解。所有的粒子都有一个适应值，每个粒子具有运动方向和距离。在每一次迭代过程中，粒子通过跟踪两个极值来更新自身：第一个极值是粒子本身所找到的最优解，这个极值称为个体极值；第二个极值是整个种群目前找到的最优解，这个极值称为全局极值。迭代此过程直至达到全局最优解。

粒子群算法通过粒子间的竞争和协作以实现在复杂搜索空间中寻找全局最优解的目

的，它具有易理解、易实现、全局搜索能力强等特点，已广泛应用于基于搜索的软件工程领域中。

二、基于搜索的软件测试

搜索技术作为一种解决复杂问题的有效方法，目前已被广泛应用于机械工程、土木工程、化学工程、生物工程等很多领域。在软件工程领域，人们最早利用搜索技术进行成本估算和测试用例生成。随后，Harman 等人将软件工程中的问题进行了重新描述，使之转化为基于搜索的优化问题，并指出软件工程是搜索技术应用的一个理想场景，进而在此基础上提出了基于搜索的软件工程（Search Based Software Engineering，SBSE）这一新的研究领域口。基于搜索的软件工程旨在使用搜索技术去优化软件开发与维护的整个过程，最近几年该领域的发展极为迅速，在软件工程生命周期的各项活动中，例如需求工程、项目计划与成本估算、自动编程、编译优化、软件测试、软件维护、并行化和质量评估等，搜索技术都得到了广泛的应用。

基于搜索的软件测试是基于搜索的软件工程的一个重要分支。从本质上来讲，软件测试即是对软件中存在的故障与缺陷进行搜索的一个过程。为了高效地进行测试，人们往往需要精密构造一个测试用例集，使其恰好击中所有可能的故障。然而，测试用例的挑选并不是一项容易的工作，传统的手工方法往往恰好绕开了软件中的故障，且在实践中难于自动化。搜索技术结合了随机性与目标导向性，在这一领域为测试人员提供了一种新的选择。

下面将通过对测试用例的生成、测试用例的优化以及变异测试技术这三方面对基于搜索的软件测试进行详细的介绍。

（一）基于搜索的测试用例的生成

测试用例是一种良好的用来定位软件故障的方式，利用搜索技术可以自动化生成测试用例。目前用搜索技术自动化生成测试用例是测试领域中研究的一大热点，其中应用了各种的搜索技术，包括蚁群算法、遗传算法，鉴于遗传算法在目前搜索技术的重要性，这里主要介绍基于遗传算法的测试用例自动生成技术。

基于遗传算法的分支覆盖测试用例生成系统主要包括3个部分：测试环境构造，遗传算法包的实现和测试运行。

①测试环境构造是整个系统的基础，它主要是通过对被测程序的静态分析提取有用的参数（包括参数的范围）和对程序进行插装。

②遗传算法包则是用例生成系统的核心部分。它首先根据测试环境构造中提取出来的参数及其范围确定种群的规模，按照编码规则进行编码，生成初始种群，然后根据测试运行部分得到的信息计算适应度值，根据评价规则对初始种群反复应用 GA 运算（选择、交叉、变异）生成新一代的种群，直至最终达到终止条件。

③测试运行时第一部分和第二部分的桥梁与实现，主要完成的任务是实时地调用并运

行插装后的被测程序,获取追踪信息传递给遗传算法包,根据遗传算法中的评价结果决定程序的运行与终止。

基于遗传算法的测试用例生成的系统模型图如图4-1所示。

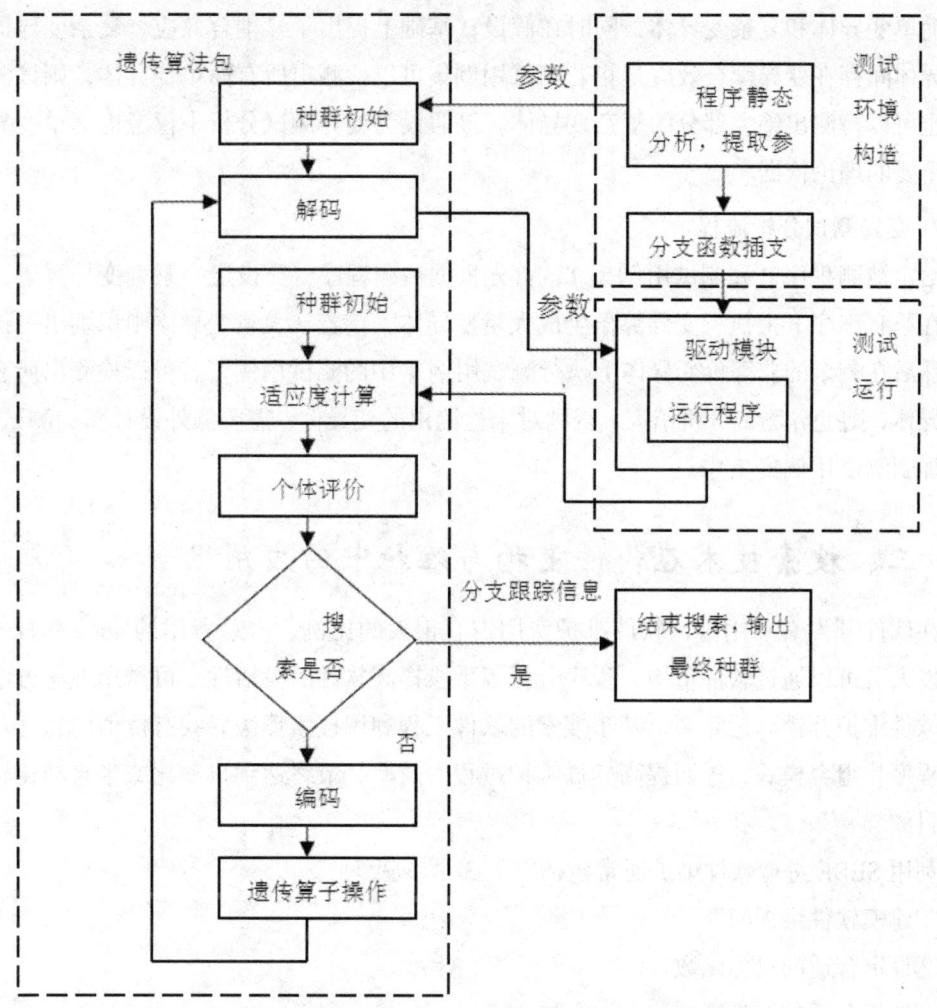

图4-1 基于遗传算法的测试用例生成的系统模型图

(二)基于搜索的变异测试技术

1. 变异测试原理

让变异测试生成代表被测程序所有可能缺陷的变异体的策略并不可行,传统变异测试一般通过生成与原有程序差异极小的变异体充分模拟被测软件的所有可能缺陷。其可行性基于两个重要的假设。

假设1(熟练程序员假设):假设熟练程序员因编程经验较为丰富,编写出的有缺陷代码与正确代码非常接近,仅需小幅度代码修改就可以完成缺陷的移除。基于该假设,变异测试仅需通过对被测程序作小幅度代码修改就可以模拟熟练程序员的实际编程行为。

假设2(耦合效应假设):与假设1关注熟练程序员的编程行为不同,假设2关注的是软件缺陷类型，认为若测试用例可以检测出简单缺陷，则该测试用例也易于检测到更为复杂的缺陷。简单缺陷是仅在原有程序上执行单一语法修改形成的缺陷，而复杂缺陷是在原有程序上依次执行多次单一语法修改形成的缺陷。根据上述定义可以进一步将变异体细分为简单变异体和复杂变异体，同时在假设2基础上提出了异耦合效应，复杂变异体与简单变异体间存在变异耦合效应是指若测试用例集可以检测出所有简单变异体，则该测试用例集也可以检测出绝大部分的复杂变异体。该假设为变异测试分析中仅考虑简单变异体提供了重要的理论依据。

2. 变异测试分析流程

给定被测程序P和测试用例集T，首先根据被测程序特征设定一系列变异算子，随后通过在原有程序P上执行变异算子生成大量变异体，接着从大量变异体中识别出等价变异体，然后在剩余的非等价变异体上执行测试用例T中的测试用例，若可以检测出所有非价变异体，则变异测试分析结束，否则对未检测出的变异体，需要额外设计新的测试用例，并添加到测试用例集T中。

三、搜索技术在软件重构与维护中的应用

在软件开发总费用中，软件维护费用占有很大的比例，占总费用的40%左右。但软件开发人员可以通过软件重构、程序分析等手段提高软件的灵活性、可重用性等方面进而降低软件维护开销。近年来，基于搜索的软件工程利用搜索算法寻找有价值的软件重构方式或程序片组合模式，进而提高软件维护过程的效率，最终达到自动化或半自动化软件维护的目的。

利用SBSE进行软件维护通常包括以下3个步骤。

①建模软件维护问题。
②设定合适的目标函数。
③选择合适的搜索算法。

基于搜索的软件工程在软件重构与维护问题上的主要研究内容包括软件重构与程序分析两部分。在软件维护中，软件重构是SBSE主要的研究的方向。

早期的基于搜索的软件重构技术集中在利用搜索技术提高程序执行效率、减少程序规模，该过程主要是通过启发式算法搜索并优化程序中的循环语句、冗余语句等，寻找更高效的代码表现形式。

随着面向对象语言的成熟，研究者尝试结合面向对象语言的特性利用基于搜索的软件重构方式进行自动化或半自动化的软件重构工作。在自动化软件重构过程中，研究者首先对软件重构问题进行建模，如从代码级别、方法级别甚至是模块级别进行问题建模，寻找符合搜索算法的域编码方式，并在此阶段确定不同域的重构规则，如降低域的继承层次、增加子类等规则。除针对软件源代码进行建模外，也有研究者对软件中说明性语言进行建

模,研究软件说明性语言的自动化重构。其次 SBSE 需要设定合适的目标函数。在目前的研究中,软件重构目标函数以 QMOOD 度量为主,QMOOD 度量从软件的灵活性、可重用性、可理解性等方面评价软件重构结果的优劣。也有研究者从其他角度,如重构软件的可测试性等方面,进行软件重构结果的度量。由于软件重构结果可以从多个角度进行度量,因此研究者尝试联合多个目标函数进行多目标的软件重构化。最后 SBSE 需要选择合适搜索的搜索算法,大量的搜索算法被尝试用于进行软件重构,并且研究者通过经验学习的方式在多个数据集上结合多种软件重构规则来对比不同搜索算法在软件重构的可用性,所对比的搜索算法如遗传算法、模拟退火算法、爬山算法等。

第二节　大数据时代软件工程开发技术

一、大数据时代

　　计算机网络技术的发展推动了人们生活、工作方式的迅速转变,使得计算机科技在实践中不断发展,大数据技术对社会发展的影响越来越深刻。在大数据的时代背景之下,社会各个主体间的界限逐渐模糊,社会发展在海量信息数据的支撑下得到提速,参与社会经济生产的企业以及各类组织机构从根本上转变了运营模式,加速了生产力的提高。在大数据技术为社会发展提供助力的同时,也给部分僵化的社会生产参与主体带来了极为严峻的技术挑战。在大数据时代,高效利用大数据技术能够提升大众获取数据资源的速率,促进企业以及生产组织机构的自身发展,提升其核心竞争力,使得企业效益最大化,从而推动社会经济的整体向好。另一方面,随着大数据技术在社会领域中的广泛应用,对相关技术人才的需求量大大提升,企业必须及时进转型,才能适应当代的社会发展。

　　大数据是一种多样化的信息资产,它是一种无法在短时间内被人们所使用的常规软件获取、处理和存储的数据集合。我们常说的大数据具有以下四大特点:大储存量、多样性、时效高、价值低。大数据具有非常大的存储量,且计算量惊人,它的来源广泛,存储格式也是多种形式并存;此外,大数据增长迅速,因此它的时效性要求高;再者,要从海量信息中找到具有真正价值的数据并不简单,需要借助功能强大的数据挖掘和分析系统。大数据技术是指能快速从海量数据中获取有用信息的技术。要想很好地应用大数据,掌握大数据技术是关键。这些大数据技术主要是信息存储技术、信息处理技术、信息展示技术、信息应用技术等。现在人们所指的"大数据"包括了数据本身的规模和一些围绕数据应用所开发的工具、平台及系统。

二、大数据时代为软件工程专业建设带来的新挑战

目前软件工程技术应用范围较为广泛,与大数据来源的广泛性相契合,各式软件的开发在很大程度上推动了大数据的建立与繁荣发展,大数据也在一定程度上促进了软件产业的发展壮大,二者相辅相成。社会、企业急需能够掌握大数据技术的软件工程人才。而在软件工程技术开发工程中面临的主要挑战则是,要掌握处理大数据的软件工程的方法、相关技术和工具的使用。数据是计算机软件的处理对象,计算机软件是数据获取和存储分析的支撑,二者密不可分。

(一)软件工程要有新的软件开发思想和方法

在这个大数据的时代背景下,软件工程专业要想有比较好的发展就不能墨守成规,新的软件开发需要融入跟随时代发展的想法。一方面,软件工程应对症下药,针对大数据处理中各个环节的特殊情况来制订方案,再进一步开发与大数据处理相适应的软件与系统;另一方面,在软件开发过程中会出现一些具有大数据特征的数据,这些数据很有可能涉及软件开发的规律,并与后期软件项目的开发有关,因此,需要相关工作人员对这些数据进行详细分析和充分应用。

(二)软件工程要有新的技术和工具

大数据主要包括结构化数据、半结构化数据和非结构化数据。一些结构化的数据,如企业、消费者产生的大交易数据可以用传统的软件工程技术和工具来处理;而另外一些半结构化和非结构化的数据,像是各类网络、移动终端产生的大交互数据,它们就需要由新的软件工程技术和工具来分析应用,与云计算技术密切相关。另外,大数据并不能挨个单独分析,这样会花费大量人力、物力资源,还浪费时间,所以为了节约时间成本、机会成本,需要对大数据进行大规模并行分析和挖掘。这就要求在课程安排上要包含相关的技术和工具的学习机会。

(三)软件开发需要新的需求分析方法

按照软件工程的基本思想,软件开发要具有针对性,把握用户的需求是开发一个新软件的前提条件,用户需求分析的准确与否是开发一个软件项目成功与否的一项重要指标;之后才能确定所开发软件的功能、性能及其他方面是否满足用户的需求;接下来才能按照流程进行软件设计、开发、测试、交付使用等。传统的掌握用户需求的方法主要是线下调查,耗时较长,收集到的信息具有迟缓性;而在当今这个大数据时代,新品推出和升级换代越来越快,再用传统的方法去收集大量用户的需求信息显然不能够跟紧时代的步伐,不能迅速地完善产品。目前获取用户的真实需求只需根据用户在网络上的操作就可以通过大数据分析来获取。因此需要有新的软件开发思维方式才能满足软件开发的需求。

（四）软件人才培养需要有一定的培养方案和师资队伍

专业培养方案是一个学校专业建设发展的重点方向，软件人才的培养需要软件工程专业制定培养方案和合理的课程设置；师资力量则是优秀人才培养的一大重要保障，需要学校壮大这一专业的师资队伍和构建相关平台供学生实践研究。

三、大数据时代下软件工程关键技术

（一）软件服务工程技术

现阶段我国社会的主流需求之一就是软件服务开发技术，侧重于软件服务性功能的开发，相关技术人员要通过对编程语言、开发程序的有效利用，在软件开发最初就设计好软件框架，促使开发软件具备服务应用功能。软件工程开发要根据用户的具体需求，围绕服务核心，基于虚拟特征以及分布样式的详细内容，保障用户使用软件时的安全、稳定以及科学。另外，软件服务工程技术是整合应用数据的关键，能够提升软件的管理操作效率，明确操作流程。软件开发技术在大数据时代被深入运用于保护用户局域网安全上，提升软件工程应用的安全性。

（二）众包软件服务工程

软件服务工程技术的应用会带来大量且集中的数据信息。众包软件服务工程被应用于社会发展的诸多领域，并且得到了相关科研人员的重视，不断探索和研究其存在的密集型以及流式数据，寄希望于通过有效的研究与分析，提供切实可行的管理平台。除此之外，软件服务工程与众包软件工程在服务性职能上具有相似的特征，其差别仅在于众包软件工程的服务对象是群体用户，囊括了软件运营的管理层和被管理平台。数据信息的有效传输是软件能否长远、稳定运行的关键，基于众包软件服务工程的特殊性，其开发程度和管理时效性对其稳定性和长期运营同样具有深刻影响，并且在凸显具有集中性的数据方面拥有优势，能够代表相应的工程数据，缺点在于不能显现相应的形式特点和单位性量化特点。在研究具备集中性特点的密集型数据信息时，要对初始数据进行全面、有效的分析。

（三）密集型数据科研第四范式

所谓第四范式就是在关系数据库中，对关系的最基本要求满足的第一范式。计算机技术的科研人员在研究密集型数据时提出了第四范式的基本概念，在分析研究数据信息时，研究手段和研究观点需要具有一致性，并且以此为理论基础进行相应的数据研究。事实上，在具体的数据分析实践中，受限于范式分析主体和数据研究需求难以达到一致性的标准，现阶段的软件应用也不能充分发挥其优化信息内容的功能，在信息存储上受到阻碍，导致管理目标不能按要求实现。

在我国的科研领域中，对数据信息的研究一直基于第三范式的理论基础，在计算机模拟的范围内进行研究。对第四范式的研究需要转变对研究手段，创新研究方法，进行现代化的数据分析。在大数据的时代背景之下，对软件工程关键技术的研究首先要确保第四范式的完整性。另一方面，针对第四范式的研究首先是要提前对研究内容和研究方法进行确定，对研究影响因素进行分析，做出相应的准备，合理设计研究流程；与此同时，还要对软件服务质量加以重视。通过多个层面的探索促使对密集型数据整合服务领域的研究达到原本的科研效果，充分发挥其作用。

（四）软件工程技术在企业中的应用

软件工程技术在企业中的应用能够有效提高生产效率，促使企业运行通过高效、便捷的程序化手段，提升管理标准，促进经济效益的提高，从而推动整个社会的经济、政治、文化发展。软件工程技术主要应用于企业的信息通信和信息问题解决两个方面。在企业运用过程中，利用软件工程技术，能够对用户信息进行有效的存档和分析，方便企业根据用户的具体需求调整生产、服务方向。另外，信息问题解决具体应用在生产过程中对产品进行抽样、采集、优化中，保障企业的标准化、高质量生产。

四、基于大数据的软件工程研究

（一）软件工程微过程

软件工程的一个核心理念是通过规范开发过程帮助提高开发效率和软件质量。然而，现实的过程模型一般是粗粒度的，例如迭代模型、极限编程等，在指导项目实践中非常依赖于实践者个体，某个项目的成功模式常常难以复制到其他项目中。因此，能否找到并量化可复制的细粒度项目的最佳实践，是软件工程研究一个十分重要的问题。这种最佳实践称为微模式，是项目在完成各项特定任务（例如解决缺陷、提交代码、沟通需求、指导新手等）时所采用的方式方法或活动流程。既然软件仓库记录了软件开发和维护的大量行为，也就为理解和挖掘这种微模式提供了基础，尤其为判定结果的普适性提供了机会。例如，针对信息需求，华盛顿大学的 Ko（考）等人识别出程序员从其合作者处搜寻最频繁的两类信息，包括"我的合作者在干什么？（What have my coworkers been doing？）"以及"在什么情况下会失效？（In what situations does this failure occur？）"。如果能够自动挖掘并将这两类信息可视化，提供推荐，将对开发者有很大帮助。还有许多工作聚焦于理解缺陷报告的最佳实践，例如探究开源项目中的缺陷分类活动，寻找重复的缺陷报告，或者寻找最适合解决某个缺陷报告的人员预测哪个缺陷会被修复，以及哪个代码片段将发生问题等。

北大软件所开展的一个尝试是面向所有开源项目的所有版本历史，研究代码片断的演化历史，以期理解现实中软件代码变迁的过程，从而寻找代码复用的最佳实践。软件代码的创建、修改、分支和复用等事件构成了其历史演化。故面向 PAE 中所有的开源项目，建立了个统一的模型来表示代码演化过程；采用基于多种特征的方法来进行代码的复用判定，并且在利用 Map-Reduce 技术来控制复杂度的基础上，分析数亿个文件的版本迭代和复用关系，达到了良好的效果。

（二）社会开发复杂性的研究

学术界和产业界在软件工程领域一直致力于探讨程序员个体之间的差异，但因为缺乏相应的数据，早期的尝试失败了。目前，程序员个体差异及其协作等社会性因素再次被广泛关注，一是软件工程过去一直在研究可控制、可复制等技术因素，如今人们开始反省之前忽略的变化性最大的因素——人；二是目前许多互联网系统由大量独立系统及其背后的人们交互而成，其复杂性很难再从纯粹的技术角度来看待。例如在开源和众包模式中，分布在世界各地的开发者需要协同发布一个可用的高质量软件，这将面临大规模通信、协调和合作，由此可以看到社会化开发的复杂性。

软件社区中蕴含着海量软件数据和丰富的软件知识，如何利用它们，如何对程序员的技能、成长途径以及他们与环境的交互、环境对他们的影响进行度量，从而进一步理解群体构造的机理和演化规则，解决社会化开发的可知与可控难题，是目前人们广泛关注的热点。研究程序员个体的工作还包括程序员的成熟度模型。例如，我们研究了从哪些维度度量程序员在项目中解决关键问题的能力，他们在项目中的成长轨迹（承担哪些任务，如何逐步增加任务的难度和重要性，变成核心程序员）。基于这些度量可以评估项目中程序员的技能和效率，以及完成任务的能力与进度。

第三节 云计算时代软件工程开发技术

一、云计算概述

（一）云计算的概念

自 21 世纪以来，互联网的快速发展与兴起，使云计算技术也在此背景下应运而生，云计算作为一种全新的计算模式，可将其和存储架构、分布式计算进行综合运用，从而实现对大规模数据的有效处理，使数据处理变得更加方便、快捷。所谓云计算，是以互联网为基础扩展出来的，其能够利互联网来提供具有虚拟化、动态化、易扩展化特点的资源，云计算的运算能力可高达 10 万亿次每秒，正是凭借其强大的运算能力，使其能够有效满足不同用户的运算需求，用户只需利用计算机或手机，即可方便快捷的利用云计算来存储和计算大规模数据。从广义上来说，云计算通过与网络访问方式进行结合，以此构建出相应的数据资源库，其具有非常低廉的管理成本，这能够使海量的数据得以快速发布，进而使任何不具备专业知识的用户能够更加方便、快捷的通过网络技术来运用云计算进行数据处理。

（二）云计算的分类及特点

1. 公有云

公有云通常指第三方提供商为用户提供的云。公有云一般可通过 Internet 使用，可能是免费或成本低廉的。这种云有许多实例，可在开放的公有网络中提供服务。公有云具有以下特点。

（1）数据安全

云计算提供了最可靠、最安全的数据存储中心，用户不必再担心数据丢失、病毒入侵等问题。

很多人觉得数据只有保存在自己看得见、摸得着的计算机才最安全，其实不然。个人计算机可能会因为自己不小心而被损坏；或者被病毒攻击，导致硬盘上的数据无法恢复……反之，当文档保存在类似 Google Docs 的网络服务上，把照片上传到类似 Google Picasa Web 的网络相册中，就再也不用担心数据的丢失或损坏。因为在"云"的另一端，有全世界最专业的团队来帮你管理信息，有全世界最先进的数据中心来帮你保存数据。同时，严格的权限管理策略可以帮助用户放心地与指定的人共享数据，不用花钱就可以享受到最好、最安全的服务。

（2）便捷性

云计算对用户端的设备要求最低，使用起来也最方便。不必为了使用某个最新的操作系统，或使用某个软件的最新版本，而不断升级自己的计算机硬件；也不必为了打开某种格式的文档，而疯狂寻找并下载某个应用软件，等等。云计算给人们带来了最好选择，只要有一台可以上网的计算机，有一个喜欢的浏览器，在浏览器中键入 URL，即可尽情享受云计算带来的无限乐趣。

（3）数据共享

云计算可以轻松实现不同设备间的数据与应用共享。一个最常见的情形是，手机中存储了几百个联系人的电话号码，个人计算机或笔记本式计算机中则存储了几百个电子邮件地址。为了方便出差时发邮件，不得不在个人计算机和笔记本式计算机之间定期同步联系人信息。买了新的手机后，不得不在旧手机和新手机之间同步电话号码。考虑到不同设备的数据同步方法种类繁多，操作复杂，要在许多不同的设备之间保存和维护最新的一份联系人信息，必须为此付出难以计数的时间和精力。这时，需要用云计算来让一切都变得更简单。在云计算的网络应用模式中，数据只有一份，保存在"云"的另一端，所有电子设备只需要连接互联网，就可以同时访问和使用同一份数据。假设离开了云计算仍然以联系人信息的管理为例，当使用网络服务来管理所有联系人的信息后，可以在任何地方用任何一台计算机找到某个朋友的电子邮件地址，可以在任何一部手机上直接拨通朋友的电话号码，也可以把某个联系人的电子名片快速分享给好几个朋友。当然，这一切都是在严格的安全管理机制下进行的，只有对数据拥有访问权限的人，才可以使用或与他人分享这份数据。

（4）无限可能

云计算为人们使用网络提供了几乎无限多的可能，为存储和管理数据提供了无限多的空间，也为人们完成各类应用提供了几乎无限强大的计算能力。想象一下，驾车出游时，只要用手机连入网络，就可以看到自己所在地区的卫星地图和实时的交通状况，可以快速查询自己预设的行车路线，可以请网络上的好友推荐附近最好的景区和餐馆，也可以快速预订目的地的宾馆，还可以把刚刚拍摄的照片或视频剪辑分享给远方的亲友。互联网的精神实质是自由、平等和分享。作为一种最能体现互联网精神的计算模型，云计算必将在不远的将来展示出强大的生命力，并将从多个方面改变人们的工作和生活。

2. 私有云

私有云是为一个客户单独使用而构建的，因而提供对数据、安全性和服务质量的最有控制。邵署私有云的公司拥有基础设施，并可以控制在此基础设施上部署应用程序的方式。私有云可部署在企业数据中心的防火墙内，也可以将它们部署在一个安全的主机托管场所，私有云的核心属性是专有资源私有云具有如下几个特点。

（1）数据安全

虽然每个公有云的提供商都对外宣称，其服务在各方面都是非常安全的，特别是对数据的管理。但是对企业而言，特别是大型企业而言，和业务有关的数据是他们的生命线，不能受到任何形式的威胁，所以短期而言，大型企业是不会将其关键业务的应用放到公有云上运行的。而私有云在这方面非常有优势，因为它一般都构筑在防火墙后面。

（2）更高的服务质量

因为私有云一般在防火墙之后，而不是在某一个遥远的数据中心，所以当公司员工访问那些基于私有云的应用时，它的服务质量会非常稳定，不会受到网络稳定与否的影响。

（3）充分利用现有硬件资源和软件资源

私有云的一个主要特性是加入云时能保留公司自身的设备，因为将数据交付给第三方运营商意味着放弃对这些数据的控制权。虽然现在公共云服务中数据被窃取或服务不可用的现象已几乎绝迹，但在自己的设备上处理数据与其他人为自己处理这些数据的情况是不同的。私有云可以很好地适应本公司特有的数据要求，利用企业现有的硬件资源来构建云，这样也将极大降低企业的开销。

（4）不影响现有IT管理的流程

对大型企业来说，企业管理的核心是流程，没有完善的流程，企业就像一盘散沙。不仅与业务有关的流程非常繁多，而且IT部门的流程也不少。私有云一般设置在防火墙内所以对IT部门的流程冲击不大。

3. 混合云

混合云融合了公有云和私有云，是近年来云计算的主要模式和发展方向。私有云主要是面向企业用户，出于安全考虑，企业更愿意将数据存放在私有云中，但是同时又希望可以获得公有云的计算资源，在这种情况下混合云被采用的机会越来越多，它将公有云和私有云进行混合和匹配，以获得最佳的效果，这种个性化的解决方案，达到了既省钱又安全的目的。

混合云在公有云和私有云的特点基础上，具有以下特点。

（1）更完美

私有云的安全性是超越公有云的，而公有云的计算资源又是私有云无法企及的。在这种矛盾的情况下，混合云完美地解决了这个问题，它既可以利用私有云的安全，将内部重要数据保存在本地数据中心，同时也可以使用公有云的计算资源，更高效快捷地完成工作，相比私有云或是公有云都更完美。

（2）可扩展

混合云突破了私有云的硬件限制，利用公有云的可扩展性，可以随时获取更高的计算能力。企业通过把非机密功能移动到公有云区域，可以降低对内部私有云的压力和需求。

（3）更节省

混合云可以有效地降低成本。它既可以使用公有云，又可以使用私有云，企业可以将应用程序和数据放在最适合的平台上，获得最佳的利益组合。

另外，公有云、私有云和混合云在服务对象、提供商以及目标客户群等方面也有所区别。

（三）云计算的基本特征

1. 超大规模

"云"具有相当的规模，Google 云计算已经拥有 100 多万台服务器，Amazon、IBM、微软、Yahoo 等的"云"均拥有几十万台服务器。企业私有云一般拥有数百上千台服务器"云"能赋予用户前所未有的计算能力。

2. 虚拟化

虚拟化是指通过虚拟化技术将一台计算机虚拟为多台逻辑计算机。在一台计算机上同时运行多个逻辑计算机，每个逻辑计算机可运行不同的操作系统，并且应用程序都可以在相互独立的空间内运行而互不影响，从而显著提高计算机的工作效率。

虚拟化使用软件技术重新定义划分 IT 资源，可以实现 IT 资源的动态分配、灵活调度、跨域共享，提高 IT 资源利用率，使 IT 资源能够真正成为社会基础设施，服务于各行各业中灵活多变的应用需求。

云计算支持用户在任意位置、使用各种终端获取应用服务。所请求的资源来自"云"，而不是固定的有形的实体。应用在"云"中某处运行，但实际上用户无须了解，也不用担心应用运行的具体位置，只需要一台笔记本或者一部手机，就可以通过网络服务来实现需要的一切，甚至包括超级计算这样的任务。

云计算是通过提供虚拟化、容错和并行处理的软件将传统的计算、网络、存储资源转化成可以弹性伸缩的服务。云计算通过资源抽象特性（通常会采用相应的虚拟化技术）来实现云的灵活性和应用广泛支持性。使用者所请求的资源来自"云"，而不是固定的有形的实体。云计算支持用户在任意位置使用各种终端获取应用服务，通常情况下，用户并不控制或了解这些资源池的准确划分，但可以知道这些资源池在哪个行政区域或数据中心。

3. 高可靠性

"云"使用了数据多副本容错、计算结点同构可互换等措施来保障服务的高可靠性，使用云计算比使用本地计算机可靠。

4. 高性价比

现在分布式系统具有比集中式系统更好的性价比，不到几十万美元就能获得高性能计算。在海量数据处理等场景中，云计算以 PC 集群分布式处理方式替代小型机加磁盘阵的集中处理方式，可有效降低建设成本。

5. 高扩展性

"云"的规模可以动态伸缩，以满足应用和用户规模增长的需要。云计算提供的弹性可扩展资源，可以动态部署、动态调度、动态回收，以高效的方式满足业务发展和平时运行峰值的资源需求。企业的规模是逐渐变大的，客户的数量是逐渐增多的，随着客户的增多，访问量的急剧膨胀，应用并没有变慢也不会"塞车"，这些都得归功于云服务商不断为其提供更多的存储空间、更快速的处理能力。

6. 高利用率

云计算通过虚拟化技术能够提高设备利用率，整合现有应用部署，降低设备数量规模台云计算服务器通过虚拟化技术可以完成文档服务器、邮件服务器、照片处理服务器等需要多台服务器完成的任务，服务器的利用潜力得到了最大限度地挖掘。云计算和虚拟化结合，提高了设备利用率，节省了设备数量。

7. 通用性

云计算不针对特定的应用，在"云"的支撑下可以构造出千变万化的应用，同一个云可以同时支撑不同的应用运行。

8. 按需服务

"云"是一个庞大的资源池，按需购买，云计算可以像自来水、电、煤气那样计费，用户按需购买，消费者无须同服务提供商交互就可以自动地得到自助的计算资源能力，如服务器的时间、网络存储等。服务使用者只需具备基本的 IT 常识，经过业务培训就可使用服务无须经过专业的 IT 培训，自助服务的内容包括服务的申请、订购、使用、管理、注销等。

9. 极其廉价

由于"云"的特殊容错措施可以采用极其廉价的结点来构成云,"云"的自动化集中式管理,使大量企业无须负担日益高昂的数据中心管理成本,"云"的通用性使资源的利用率较传统系统大幅提升,因此用户可以充分享受"云"的低成本优势。

10. 应用分布性

云计算的多数应用本身就是分布式的,如工业企业应用,管理部门和现场不在同一个地方。云计算采用虚拟化技术使得跨系统的物理资源统一调配、集中运维成为可能。管理员只需通过一个界面就可以对虚拟化环境中的各台计算机的使用情况、性能等进行监控,发布一个命令就可以迅速操作所有的机器,而不需要在每台计算机上单独进行操作。而企业 IT 部门不再需要关心硬件技术细节,只需集中业务、流程设计即可。

11. 环保

通过虚拟化、效用计算等技术,云计算大大提高了硬件的利用率,并可以均衡不同物理服务器的计算负载,减少能源浪费。通过云计算减少设备的数量,就会大大减少用电量减少设备规模、关闭空闲资源等措施将促进数据中心的绿色节能。

云计算可以彻底改变人类未来的生活,但同时也要重视环境问题,这样才能真正为人类进步做贡献,而不是简单的技术提升。

二、云计算的关键技术

(一)虚拟化技术

虚拟化技术在整个云计算中发挥重要作用。虚拟化技术是针对计算元件的运行基础而言,区别于原始计算模式,云计算主要以虚拟基础作为运行基础而不是真实硬件基础。这样,能够更好地了解用户需求,更快的整合资源信息,效率高,同时也提高了资源利用率。另外,由于是在虚拟的基础上运行,真实硬件的缺点与运行效率无关,大大提高了运行系统的可靠性和自愈性。目前,虚拟化技术基本成为事实标准有 Citrix Xen、VMware ESX Server 和 Microsoft Hype-V 等。

(二)数据储存技术

云计算在数据储存方面进行了改善,采用分布式储存的方式。分布式储存是较为灵活的储存方式,主要是冗余储存,将同一份数据储存多个副本,具有安全性和可靠性特点。另外,其将计算任务分布在多个模块,分别计算处理后再进行整合,具有高效性,能够满足人们对数据储存的需要。在未来的发展过程中,数据储存技术还有很大的提升空间,进行超大规模数据储存、保证数据安全和提高 I/O 效率等方面是数据储存技术主要发展方向。

（三）数据管理技术

云计算的数据储存技术是将信息资源进行整合储存，而要想用户能够体会到高效、快捷的服务体验，关键的步骤是对储存信息进行科学管理，目的是使用户能够在大量数据库中快速找到自己想要了解的信息。目前的数据管理技术以 Google 的 BT 技术和 Hadoop 的 HBase 为主，但是由于开发理念的不同，两种技术的数据管理形式也不相同，导致传统的 SQL 数据库接口在移植方面存在困难，无法与云管理系统顺利对接，进而会影响用户的使用体验。目前，在对数据管理技术进行分析研究时，主要致力于为云管理提供 RDBMS 和 SQL 接口，保证数据管理方面更加完善，能够更好地为用户服务。

（四）编程模型

编程是计算机中常用的方式，通过编程可以编写简单的程序，进而可以通过对简单程序的操作，可以更好地达到目的、满足需求。云计算中的编程模型不需要太复杂，这样反而不利于后台任务的并行执行。简单、易操作是云计算中编程模型的主要特点。要保证复杂的数据计算任务能够高效完成，这样才能给用户带来良好的使用体验。以当前的发展状况来看，Google 开发的编程工具 Map/Reduce 是云计算中的主要编程工具，能够很好地进行数据集的并行处理，同时也能够很好地进行复杂并行任务的调度处理。

（五）云安全

云计算是以互联网技术为发展基础的计算模式，会受到互联网安全的影响，漏洞、病毒、信息泄露等互联网安全问题也是云计算中不可避免的问题。经过一系列的分析研究，云安全已经发展到了第三代，进入了可信云阶段，其能够自动在网络使用过程中进行安全检测，能够做到提前防御，降低风险，提高云计算安全性和高效性。

三、云计算平台与软件开发

云计算平台也称为云平台，它能够以快速、简单和可扩展的方式创建和管理大型、复杂的 IT 基础设施。云计算平台可以划分为 3 类：以数据存储为主的存储型云平台，以数据处理为主的计算型云平台，以及计算和数据存储处理兼顾的综合云计算平台。云平台的实例有如微软公司致力打造的 Azure 平台（"蓝天"）等。

（一）云计算视角下对软件开发的影响

1. 软件技术、架构将发生显著变化

第一，所开发的软件必须与云相适应，能够与虚拟化为核心的云平台有机结合，适应运算能力、存储能力的动态变化。

第二，要能够满足大量用户的使用，包括数据存储结构、处理能力。

第三，要互联网化，基于互联网提供软件的应用。

第四，安全性要求更高，可以抗攻击，并能保护私有信息。

第五，可工作于移动终端、手机、网络计算机等各种环境。

2. 软件开发的环境、工作模式发生变化

虽然，传统的软件工程理论不会发生根本性的变革，但基于云平台的开发工具、开发环境、开发平台将为敏捷开发、项目组内协同、异地开发等带来便利。软件开发项目组内可以利用云平台，实现在线开发，并通过云实现知识积累和软件复用。

3. 软件产品的最终表现形式更为丰富多样

在云平台上，软件可以是一种服务，也可以是一个 Web Services，也可能是可以在线下载的应用，如苹果在线商店中的应用软件等。

4. 软件测试发生变化

软件技术、架构发生变化，要求软件测试的关注点也应做出相对应的调整。软件测试在关注传统的软件质量的同时，还应该关注云计算环境所提出的新的质量要求，如软件动态适应能力、大量用户支持能力、安全性、多平台兼容性等。云计算环境下，软件开发工具、环境、工作模式发生了转变，也就要求软件测试的工具、环境、工作模式发生相应的转变。软件测试工具也应工作于云平台之上，测试工具的使用也可通过云平台来进行，而不再是传统的本地方式。软件测试的环境也可移植到云平台上，通过云构建测试环境。软件测试也应该可以通过云实现协同、知识共享、测试复用。软件产品表现形式的变化，要求软件测试可以对不同形式的产品进行测试，如 Web Services 的测试、互联网应用的测试、移动智能终端内软件的测试等。

云计算的普及和应用，还有很长的道路，社会认可、人们习惯、技术能力，甚至是社会管理制度等都应做出相应的改变，方能使云计算真正普及。但无论怎样，基于互联网的应用将会逐渐渗透到每个人的生活中，对我们的服务、生活都会带来深远的影响。要应对这种变化，我们也很有必要讨论我们业务未来的发展模式，确定我们努力的方向。

（二）云计算视角下的软件开发测试平台设计意义

由于传统的软件研发模式面临诸多的挑战和困境，为此有必要引入基于云计算的软件开发测试平台，以先进的云计算为技术支撑，将云计算与项目管理工具相整合，较好地突破资源按需分配的难题，确保软件的高质量交付和使用。具体来说，表现为以下方面。

1. 降低软件开发成本

传统的软件研发模式遭遇前所未有的瓶颈难题，无法实现资源的统一分配和协调，存在资源严重浪费的现象。为此，引入基于云计算的软件开发测试平台，可以实现对资源的按需创建、使用和管理，真正做到资源的优化配置和协调，极大地降低了软件研发的成本，突显出绿色研发的理念和宗旨。

2.提升团队开发效率

传统的软件研发模式大多是采用单一化的软件，缺乏软件之间的团队协同和配合，这就使之面临较大的团队协同与合作问题，受到自身能力的局限。为此，要从云计算的视角设计和实现软件开发测试平台，通过统筹部署和规划设计，使不同的团队可以实现统一、协调的软件研发活动，缩减软件研发项目交付的时间。

3.增强软件研发的质量

要突破传统软件研发的质量缺陷和不足，基于云计算环境整合生命周期管理流程，并引入敏捷的软件研发思想，使之处于标准化和可控化的状态之下，快速发现问题、诊断问题和解决问题。

（三）云计算视角下的软件开发测试平台设计与实现研究

可以在软件开发测试平台设计中采用敏捷开发 Scrum 式，自动搭建云计算基础平台和统一的协作平台，应用生命周期管理流程，实现跨平台的软件开发和测试，并使之具有数据安全性。

1.系统架构

云计算视角下的软件开发测试平台是基于多层框架结构的统一部署和开发设计，在虚拟化技术的支撑和依托之下，借由内嵌的开发流程模板，缩短软件开发周期，降低开发成本。

2.网络基础架构

基于云计算的软件开发测试平台网络基础架构要以相应的硬件环境为支撑，要有较大容量的数据拓展中心，搭建高可用性的服务器，实现对存储信息的共享和虚拟化。

3.系统模块设计

基于云计算的软件开发测试平台系统主要由以下几个模块组成。

①基础设施层。它是利用成熟的虚拟化技术，如微软的 Windows Server 或 Hyper-V 技术，统一部署、配置和集成资源，实现对硬件环境及操作平台系统的环境设计，使固态的物理设施转变为具有一定逻辑的资源，能够有效地对其实现移动管理和共享使用，较好地解决硬件之间的差异性问题。具体包括有 CPU、内存、硬盘、交换机、网关、防火墙等，在虚拟化的技术和环境之下，它们可以突破限制而实现随意的移动和交流，通过分布式存储技术，实现对网络数据的高效管理和连通。

②应用平台层。在成熟的虚拟化技术应用之下，该模块可以安装、配置、移动、部署和管理不同的虚拟化资源，并搭建独立的域环境，实现对虚拟环境的有效迁移和监控管理。

③研发应用层。这一模块可以实现对动态数据中心的有效监控、配置和安全管理，借助于内嵌的开发模型，实现对整个软件生命周期的应用活动管理，起到承上启下的功能和作用。同时，它基于面向服务的架构原则和理念，创建松耦合度的服务架构模型，较好地实现上下层的连接和调用。

④服务管理层。这一模块则着眼于与软件研发相关的 KPI 度量数据的采集和展示,是真正面对用户的层级和窗口,如:资源申请、审批、虚拟机使用、日常维护、系统保障等,使用户能够轻松自如地获取相应的服务。

第五章　软件开发模型与方法

软件开发模型（Soft ware Development Model）是指软件开发全部过程、活动和任务的结构框架。软件开发主要包括需求、设计、编码、测试和维护等多个阶段。软件开发模型能清晰、直观地表达软件开发全过程，明确规定了要完成的主要活动和任务，用来作为软件项目工作的基础。对于不同的软件系统，可以采用不同的开发方法、使用不同的程序设计语言以及各种不同技能的人员参与工作、运用不同的管理方法和手段等，以及允许采用不同的软件工具和不同的软件工程环境。需要注意的是，软件生存周期的划分与软件开发模型有关，不同的开发模型，可能对应不同的生存周期。本章主要介绍几种常用的软件开发模型和软件开发方式。

第一节　软件开发模型

一、演化模型

演化模型是一种全局的软件（或产品）生存周期模型。属于迭代开发方法。该模型可以表示为：第一次迭代（需求→设计→实现→测试→集成）→反馈→第二次迭代（需求→设计→实现→测试→集成）→反馈……

即根据用户的基本需求，通过快速分析构造出该软件的一个初始可运行版本，这个初始的软件通常称之为原型，然后根据用户在使用原型的过程中提出的意见和建议对原型进行改进，获得原型的新版本。重复这一过程，最终可得到令用户满意的软件产品。采用演化模型的开发过程，实际上就是从初始的原型逐步演化成最终软件产品的过程。对于一些对软件需求缺乏准确认识的情况，可以使用演化模型。

演化模型主要针对事先不能完整定义需求的软件开发。用户可以给出待开发系统的核心需求，并且当看到核心需求实现后，能够有效地提出反馈，以支持系统的最终设计和实现。软件开发人员根据用户的需求，首先开发核心系统。当该核心系统投入运行后，用户进行试用，完成他们的工作，并提出精化系统、增强系统能力的需求。软件开发人员根据用户的反馈，实施开发的迭代过程。第一迭代过程均由需求、设计、编码、测试、集成等阶段组成，为整个系统增加一个可定义的、可管理的子集。在开发模式上采取分批循环开发的办法,每循环开发一部分的功能,它们成为这个产品的原型的新增功能。于是,设计就不断地演化出新的系统。

按照不同的原型应用策略,演化模型也可以分为两类。

①探索式演化模型:其目标是与用户一起工作,共同探索系统需求,直到最后交付系统。这类开发从需求较清楚的部分开始,根据用户的建议逐渐向系统中添加功能。探索式的演化模型也是"演化"本身的含义,不强调按照瀑布模型严格划分阶段界线,即上一阶段没有结束不能进入下一阶段,而是针对部分明确的需求可以进行瀑布模型的过程活动,建立一个系统原型,不明确的需求希望用户在已经建立的原型基础上进行评价和反馈,逐步明晰需求。因此,最终的系统是在探索需求的原型上一步一步添加功能完成的。

②抛弃式演化模型:通过实现一个或多个系统原型理解和明确用户需求,然后给出系统一个较好的需求定义。建立原型是为了帮助客户进一步明确原本含混不清的需求,帮助开发人员理解客户的需求的真实含义,帮助澄清客户和开发人员之间的沟通误解,从而得到一个正确、完整和一致的需求规格说明。这时的原型并不涉及系统核心功能的开发,更多的只是界面的模拟或者功能菜单的描述,甚至是运行同类产品作为原型演示。

演化模型的一个明显优点就是可以处理需求不明确的软件项目,对于探索式的演化模型,能够在开发过程中间逐步向用户展示软件半成品,降低系统的开发风险。另外,演化模型将用户的参与始终贯穿在开发过程中,使最终的软件系统能够真实地实现用户需求,又保障系统质量。然而,从工程学和管理学的角度来看,使用演化模型也存在三个问题。

①瀑布模型的文档控制优点可能丧失,从而使得开发过程对管理人员不透明。由于开发要求快速完成,所以实际应用演化模型时经常省略开发活动之间的衔接文档,从而导致项目管理人员无法透视开发过程,严重时使得开发过程失控。这是因为开发人员都认为原型是须经过修改的,如果有规范的文档要求编写,则须花费很多时间来维护变更的文档,这和快速开发本身是不相符合的。因此,在实际应用演化模型时,要在文档的规范和快速间进行权衡,不可偏废。

②软件系统的系统结构较差。因为在原型基础上进行变更可能损坏系统结构,因此在应用探索式演化模型时,注意保持系统体系结构一致,必要时对系统进行重构。

③为了达到快速开发原型的目的,可能用到一些特殊的工具和技术,而这些特殊的工具和技术往往与主流方向不相容,或者不符合项目要求,甚至是不成熟的技术和工具。因此,在应用演化模型时,尽量采用成熟、符合项目要求的技术和工具来构造原型。

由于存在上述问题,因此在小规模系统或者中小型系统且生存期较短时,演化模型不失为一种好方法。然而,对于大型、生命周期很长的系统,演化模型给项目管理带来的问题就显得很突出。纯粹使用演化模型是不合适的,须综合运行多种模型,如对于需求不明确的部分使用抛弃式演化模型,待需求明确后再使用瀑布模型来组织软件开发过程;对于系统中事先无法准确识别的需求,比如用户界面,可以采用探索式演化模型逐步诱导并逼近用户的真实想法,并直接在探索式演化原型的基础上实现这部分需求。

二、智能模型

智能模型也称为基于知识的软件开发模型,它把瀑布模型和专家系统结合在一起,利用专家系统来帮助软件开发人员进行开发工作。该模型应用基于规则的系统,采用归纳和推理机制,帮助软件人员完成开发工作,并使维护在系统规格说明一级进行。该模型在实施过程中,以软件工程知识为基础的生成规则构成的知识系统与包含应用领域知识规则的专家系统相结合,构成这一应用领域软件的开发系统。采用智能模型的软件过程如图5-1所示。

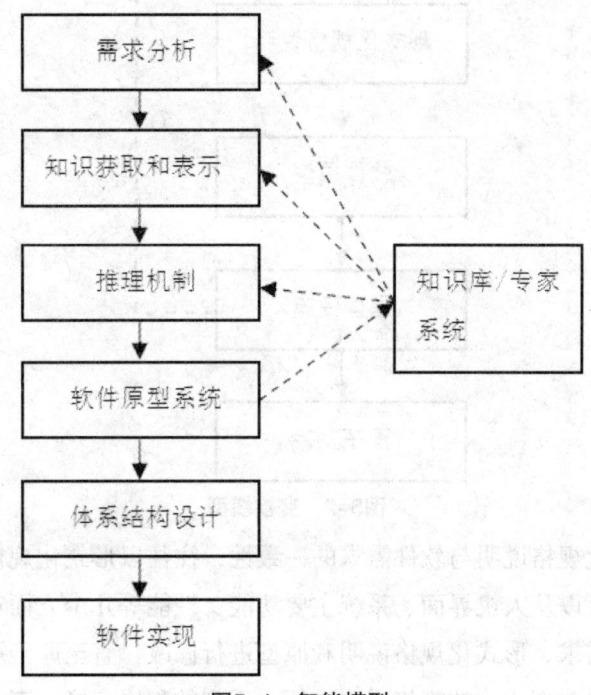

图5-1 智能模型

智能模型所要解决的问题是特定领域的复杂问题,涉及大量的专业知识,而开发人员一般不是该领域的专家,他们对特定领域的熟悉需要一个过程,所以软件需求在初始阶段很难定义得很完整。因此,采用原型实现模型通过多次迭代来对软件需求进行精化。

智能模型以知识作为处理对象,这些知识既有理论知识也有特定领域的经验,在开发过程中需要将这些知识从书本中和特定领域的知识库中抽取出来(即知识获取),选择适当的方法进行编码(即知识表示)建立知识库。将模型、软件工程知识与特定领域的知识分别存入数据库。在这个过程中需要系统开发人员与领域专家的密切合作。

智能模型开发的软件系统强调数据的含义,并试图使用现实世界的语言表达数据的含义,它可以对现有的数据进行勘探,从中发现新的事实方法指导人们以专家的水平解决复杂的问题。它以瀑布模型为基本框架,在不同开发阶段引入原型实现方法和面向对象技术以克服瀑布模型的缺点。智能模型适应于特定领域软件和专家决策系统的开发。

三、变换模型

变换模型是基于形式化规格说明语言及程序变换的软件开发模型。它采用形式化的软件开发方法,对形式化的软件规格说明进行一系列自动或半自动的程序变换,最后映射成计算机系统能够接受的程序系统。采用变换模型的软件过程如图所示 5-2 所示。

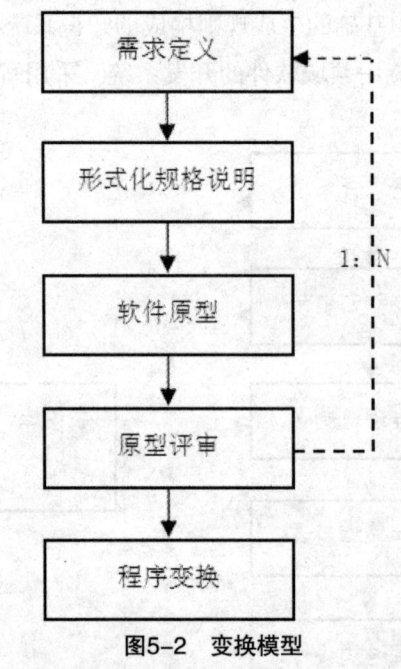

图5-2　变换模型

为了确认形式化规格说明与软件需求的一致性,往往以形式化规格说明为基础开发一个软件原型。用户可以从人机界面、系统主要功能、性能等几个方面对原型进行评审。必要时,可以对软件需求、形式化规格说明和原型进行修改,直至原型被确认时为止。这时软件开发人员就可以对形式化的规格说明进行一系列的程序变换,直至生成计算机系统可以接受的目标代码。

"程序变换"是软件开发的另一种方法,其基本思想是把程序设计的过程分为生成阶段和改进阶段。首先通过对问题的分析制定形式规范,并生成一个程序,通常是一种函数型的"递归方程",然后通过一系列保持正确性的源程序到源程序的变换,把函数型风格转换为过程型风格,并进行数据结构和算法的求精,最终得到一个有效的面向过程的程序。这种变换过程是一种严格的形式推导过程,所以只需对变换前的程序的规范加以验证,变换后的程序的正确性将由变换法则的正确性来保证。

变换模型的优点是解决了代码结构经多次修改而变坏的问题,减少了许多中间步骤(如设计、编码、测试等)。但是,变换模型仍有较大局限,以形式化开发方法为基础的变换模型需要严格的数学理论和一整套开发环境的支持,目前形式化开发方法在理论、实践和人员培训方面与工程应用尚有一段距离。

第二节 软件开发方法

一、模块化方法

在软件开发的过程中，软件开发方法是关系到软件开发成败的重要因素。软件开发方法就是软件开发所遵循的办法和步骤，以保证所得到的运行系统和支持的文档满足质量要求。在软件开发实践中，有很多方法可供软件开发人员选择。

最早的软件开发方法是由 D.Parnas（D. 帕纳斯）在 1972 年提出的。由于当时软件在可维护性和可靠性方面存在着严重问题，因此，Parnas（帕纳斯）提出的方法是针对以下这两个问题。

①信息隐蔽原则。在概要设计时列出将来可能发生变化的因素，并在模块划分时将这些因素放到个别模块的内部。这样，在将来由于这些因素变化而需修改软件时，只需修改这些个别的模块，其他模块不受影响。信息隐蔽技术不仅提高了软件的可维护性，而且也避免了错误的蔓延，改善了软件的可靠性。现在信息隐蔽原则已成为软件工程学中的一条重要原则。

②在软件设计时应对可能发生的种种意外故障采取措施。软件是很脆弱的，很可能因为一个微小的错误而引发严重的事故，所以必须加强防范。模块之间也要加强检查，防止错误蔓延。Parnas（帕纳斯）对软件开发提出了深刻的见解。遗憾的是，他没有给出明确的工作流程。所以这一方法不能独立使用，只能作为其他方法的补充。

何为模块化，模块化这个词最早出现在研究工程设计中的《Design Rules》（《设计规则》），这本探路性质的书中。其后模块化原则还只是作为计算机科学的理论，尚不是工程实践。此时硬件的模块化一直是工程技术的基石之一。软件模块化的原则也是随着软件的复杂性诞生的。从开始的机器码、子程序划分、库、框架，再到分布在成千上万公里的互联网上主机上的程序库。模块化是解决软件复杂性的重要方法之一。

模块化以分治法为依据，但并不意味着软件会被无限制的细分下去。事实上，当分割过细模块总数增多，每个模块的成本确实减少了，但模块接口所需代价随之增加。要确保模块的合理分割则须了解信息隐藏、内聚度及耦合度。

一句话表述模块化的意义：解决软件的复杂性问题，或说降低软件的复杂性。不至于随着变大而不可控进而导致失败，使其可控、可维护、可扩展。从这个意义上说：要编写复杂软件又不至于失败的唯一方法就是用定义良好的接口把若干简单模块组合起来。如此，大多数问题只会出现在局部，那么就有希望对局部进行改造、优化甚至替换，而不至于牵动全局。

更加术语一些的定义：模块化是一个软件系统的属性，这个系统被分解为一组高内聚、低耦合的模块。这些模块拼凑下就能组合出各种功能的软件，而拼凑是灵活的、自由的。经验丰富的工程师负责模块接口的定义，经验较少的则负责实现模块的开发。

上面提到，模块化是以分治法为依据。简单说就是把软件整体划分，划分后的块组成了软件。这些块都相对独立，之间用接口（协议）通信，每个块完成一个功能，多个块组合可以完成一系列功能。

模块化开发方法就是把一个待开发的软件系统分解成若干可单独命名和编址的较为简单的部分，这些可单独命名和编址的部分称为模块。每个模块分别独立地开发、测试，最后再组装出整个软件系统。这种方法不仅可以将软件系统开发的复杂性在分解过程中降低，便于修改、维护，而且还容易实现同一个系统不同部分的并行开发，从而提高了软件的生产效率。

一般，将用一个名字就可调用的一段程序称为"模块"。在考虑模块化时，将模块定义为多大较合适，模块设计规则应如何制定成为关键，下面4条标准可供参考。

①模块可分解性。如果一种设计方法提供了将问题分解成子问题的系统化机制，它就能降低整个系统的复杂性，从而实现一种有效的模块化解决方案。

②模块可组装性。如果一种设计方法能够使现存的设计模块被组装成新系统，它就能提供一种不用一切从头开始的模块化解决方案。

③模块可理解性。如果一个模块可以作为一个独立的单位被理解，那么它就易于构造和修改。

④模块连续性。如果对系统需求的微小修改，只会导致对单个模块而不是对整个系统的修改，则修改引起的副作用就会被最小化。

一般来说，对模块采用耦合和内聚两个准则进行度量。如果模块内部具有高内聚和模块间低耦合，那这样的模块就具有独立性，模块设计得比较好。

以上可以看出划分后的模块应该具有清晰的、有文档描述的边界（接口/协议）。不同的语言对于模块的实现不同。例如，Smalltalk，没有模块的概念，所以类就成了划分的唯一物理单元。Java有包的概念，也有类的概念。因此单独的类和包可以用来划分模块。Java script是基于对象的语言，它创建对象时无须先声明一个类，因此对象是天然用来划分模块的。

无论哪种语言，封装是写模块的首要特质。即模块不会暴露自身的实现细节、不会调用其他模块的实现码、不会共享全局变量。一切只靠接口通信。模块化和封装是密不可分的。

二、结构化方法

1978年，E.Yourdon（E.尤登）和L.L.Constantine（L.L.康斯坦丁）提出了结构化方法，即SASD方法，也可称为面向功能的软件开发方法或面向数据流的软件开发方法。1979

年 Tom DeMarco（汤姆·迪马可）对此方法做了进一步的完善。

Yourdon 方法是 20 世纪 80 年代使用最广泛的软件开发方法。它首先用结构化分析（SA）对软件进行需求分析，然后用结构化设计（SD）方法进行总体设计，最后是结构化编程（SP）。这一方法不仅开发步骤明确，SA、SD、SP 相辅相成，一气呵成，而且给出了两类典型的软件结构（变换型和事务型），便于参照，使软件开发的成功率大大提高，从而深受软件开发人员的青睐。

结构指系统内各组成要素之间的相互联系、相互作用的框架。结构化开发方法强调系统结构的合理性及所开发软件结构的合理性，主要是面向数据流的，因此，也被称为面向功能的软件开发方法或面向数据流的软件开发方法。

结构化方法（SD 方法）是一种传统的软件开发方法，它是由结构化分析、结构化设计和结构化程序设计三部分有机组合而成的。它的基本思想是把一个复杂问题的求解过程分阶段进行，而且这种分解是自顶向下，逐层分解，使得每个阶段处理的问题都控制在人们容易理解和处理的范围内。

结构化方法的基本要点是：自顶向下、逐步求精、模块化设计、结构化编码。

结构化方法按软件生命周期划分，有结构化分析（SA）、结构化设计（SD）、结构化实现（SP）。其中要强调的是，结构化方法学是一个思想准则的体系，虽然有明确的阶段和步骤，但是也集成了很多原则性的东西，所以学会结构化方法，不是能够单从理论知识上去了解就足够的，更多的还是要在实践中慢慢地理解，将其变成自己的方法学。

结构化分析的步骤如下。

①构造数据流模型。根据用户当前的需求，在创建实体——关系图的基础上，依据数据流图构造数据流模型。

②构建控制流模型。一些应用系统除了要求用数据流建模外，还需要通过构造控制流图（CFD），构建控制流模型。

③生成数据字典。对所有数据元素的输入、输出、存储结构，甚至是中间计算结果进行有组织的列表。目前一般采用 CASE 的"结构化分析和设计工具"来完成。

④生成可选方案，建立需求规约。确定各种方案的成本和风险等级，据此对各种方案进行分析，然后从中选择一种方案，建立完整的需求规约。

结构化设计是采用最佳的可能方法设计系统的各个组成部分及各成分之间的内部联系的技术，目的在于提出满足系统需求的最佳软件的结构，完成软件层次图或软件结构图。结构化设计方法给出一组帮助设计人员在模块层次上区分设计质量的原理与技术。它通常与结构化分析方法衔接起来使用，以数据流图为基础得到软件的模块结构。SD 方法尤其适用于变换型结构和事务型结构的目标系统。在设计过程中，它从整个程序的结构出发，利用模块结构图表述程序模块之间的关系。

结构化设计的步骤如下所示。

①研究、分析和审查数据流图。从软件的需求规格说明中弄清数据流加工的过程。

②根据数据流图决定问题的类型。数据处理问题有变换型和事务型两种典型的类型。针对两种不同的类型分别进行分析处理。

③由数据流图推导出系统的初始结构图，也就是把数据流图映射到软件模块结构，设计出模块结构的上层。

④利用一些试探性原则来改进系统的初始结构图，直到得到符合要求的结构图为止。即在数据流图的基础上逐步分解高层模块，设计中下层模块，并对软件模块结构进行优化，最终得到最为合理的软件结构。

⑤描述模块接口。

⑥修改和补充数据词典。

⑦制订测试计划。

结构化设计方法的设计原则如下。

①使每个模块尽量只执行一个功能（坚持功能性内聚）。

②每个模块用过程语句（或函数方式等）调用其他模块。

③模块间传送的参数作数据用。

④模块间共用的信息（如参数等）尽量少。

三、面向数据结构方法

1975年，M.A.Jackson 提出了一类至今仍广泛使用的软件开发方法。这一方法从目标系统的输入、输出数据结构入手，导出程序框架结构，再补充其他细节，就可得到完整的程序结构图。这一方法对输入/输出数据结构明确的中小型系统特别有效，如商业应用中的文件表格处理。该方法也可与其他方法结合，用于模块的详细设计。

JSD（Jackson System Development）就是 Jackson（杰克逊）面向数据的结构化编程方法（Jacker Structured Programming，JSP）的产物。

JSD 的基本概念是在考虑系统的功能之前，设计应先对运行环境的实体行为建模，然后系统的功能被加入这个模型。其核心思想是由数据结构，建立目标系统的模型，并演化为相应的程序结构。

Jackson 方法把问题分解为由三种基本结构形式表示的层次结构。三种基本结构形式是顺序、选择和重复。Jackson 提出了一种与数据结构层次图非常相似的数据结构表示法，以及一种映射和转换的过程。

Jackson 方法的软件设计过程是从数据结构入手，由数据结构之间的关系导出程序结构，这使软件系统的开发"有章可循"。尤其这一方法特别适合于以数据为主，"计算"较简单的数据处理系统。因此可称其为"面向数据的方法"。由于这一技术未提供对复杂系统设计过程的技术支持，因而不适合用于大型实时系统或非数据处理系统的开发。但该方法比 SD 方法设计过程简单，所以在 SD 设计中，通常用 Jackson 方法简化数据处理部分的设计。

四、面向对象方法

面向对象开发方法是以面向对象程序设计语言作为基础的，其核心思想是利用面向对象的概念和方法为软件需求建立模型，进行系统设计，采用面向对象程序设计语言进行系统实现，对建成的系统进行面向对象的测试和维护。

如果一个软件系统是使用这样四个概念设计和实现的，则可以认为这个软件系统是面向对象的。其基本要点可以概括为以下几方面。

①数据的抽象，即类与子类的概念及相互关系。任何客观的事物和实体都是对象，复杂对象可以由简单对象组成。

②数据及对它的操作的一体化，即封装的概念和方法。具有相同数据和操作的对象可归并为一个类，具有封装性，形成一个包装；对象是类的一个实例；一个类可以产生很多对象。

③属性与操作由父类向子类传递，即继承的概念与方法。类可以派生出子类，继承能避免共同行为的重复。

④客观事物之间的相互关系用统一的消息传递的方法来描述。

随着 OOP（面向对象编程）向 OOD（面向对象设计）和 OOA（面向对象分析）的发展，最终形成面向对象的软件开发方法 OMT（Object Modelling Technique）。这是一种自底向上和自顶向下相结合的方法，而且它以对象建模为基础，从而不仅考虑了输入/输出数据结构，实际上也包含了所有对象的数据结构。OO 技术在需求分析、可维护性和可靠性这三个软件开发的关键环节和质量指标上有了实质性的突破，彻底地解决了在这些方面存在的严重问题，从而宣告了软件危机末日的来临。面性对象方法主要有以下优点。

（一）自底向上的归纳

OMT 的第一步是从问题的陈述入手，构造系统模型。从真实系统导出类的体系，即对象模型包括类的属性，与子类、父类的继承关系，以及类之间的关联。类是具有相似属性和行为的一组具体实例（客观对象）的抽象，父类是若干子类的归纳。

因此这是一种自底向上的归纳过程。在自底向上的归纳过程中，为使子类能更合理地继承父类的属性和行为，可能需要自顶向下的修改，从而使整个类体系更加合理。由于这种类体系的构造是从具体到抽象，再从抽象到具体，符合人类的思维规律，因此能更快、更方便地完成任务。

（二）自顶向下的分解

系统模型建立后的工作就是分解。与 Yourdon（尤登）方法按功能分解不同，在 OMT 中通常按服务（Service）来分解。服务是具有共同目标的相关功能的集合，如 I/O 处理、图形处理等。这一步的分解通常很明确，而这些子系统在进行进一步分解时，因有较具体的系统模型为依据，也相对容易。所以 OMT 也具有自顶向下方法的优点，即能有效地控制模块的复杂性，同时避免了 Yourdon（尤登）方法中功能分解的困难和不确定性。

（三）OMT 的基础是对象模型

每个对象类由数据结构（属性）和操作（行为）组成，有关的所有数据结构（包括输入/输出数据结构）都成了软件开发的依据。因此 Jackson 方法中输入/输出数据结构与整个系统之间的鸿沟在 OMT 中不再存在。OMT 不仅具有 Jackson 方法的优点，而且可以应用于大型系统。更重要的是，在 Jackson 方法中，当它们的出发点——输入/输出数据结构（即系统的边界）发生变化时，整个软件必须推倒重来。但在 OMT 中系统边界的改变只是增加或减少一些对象而已，整个系统的改动非常小。

（四）需求分析彻底

需求分析不彻底是软件失败的主要原因之一。即使在目前，这一危险依然存在。OMT 彻底解决了这一问题。因为需求分析过程已与系统模型的形成过程一致，开发人员与用户的讨论是从用户熟悉的具体实例（实体）开始的。开发人员必须搞清现实系统才能导出系统模型，这就使用户与开发人员之间有了共同的语言，避免了传统需求分析中可能产生的种种问题。

（五）可维护性大大改善

在 OMT 之前的软件开发方法都是基于功能分解的。尽管软件工程学在可维护方面做出了极大的努力，使软件的可维护性有较大的改进。但从本质上讲，基于功能分解的软件是不易维护的。因为功能一旦有变化都会使开发的软件系统产生较大的变化，甚至推倒重来。更严重的是，在这种软件系统中，修改是困难的。由于种种原因，即使是微小的修改也可能引入新的错误。所以传统开发方法很可能会引起软件成本增长失控、软件质量得不到保证等一系列严重问题。正是 OMT 才使软件的可维护性有了质的改善。

OMT 的基础是目标系统的对象模型，而不是功能的分解，而且 OO 技术还提高了软件的可靠性和健壮性，使得 OMT 建立在对象结构上的软件系统也变得更为稳定。

五、可视化的开发方法

可视化的软件开发方法，就是根据用户界面上的操作元素，例如按钮和菜单、编辑框和对话框、复选框和单选框以及滚动条，等等，由这些工具自动生成应用性的软件。

这种类型的应用软件以事件驱动作为主要的工作方式，针对不同的事件，系统都将会产生与之相对应的消息，这些信息再传递给软件生成时自动装入的响应函数。

六、问题分析法

问题分析法主要是先考虑到输入数据结构、输出数据结构，再根据数据结构来分解系统，最后在逐步地综合。

问题分析方法的优点是使用制图，制图是一种二维树形结构图，与图、语言两者相比具有很大的优势，至今都被软件开发人员广泛使用。这种方法只和中小型问题相适用，成功率很高。

七、软件重用和组件连接

软件重用和组件连接主要包括软件重用，这种重用基于软件服用库、与面向对象技术结合和组件连接三种。基于软件复用库的软件重用，是一种传统的软件重用技术，包括生成技术和组装方式与面向对象技术结合，这种类型的重用容易实现，所以发展较快。组件连接是至今发展最快的软件重用方式，目前使用的组件连接开发技术大多基于OLE2.0。

八、生命周期法

所谓生命周期法，所选取的角度主要是从时间的角度来看，从各个维度来对软件进行相应的分解，然后再把分解之后的各个维度经过严密的分析和进一步的改进。通常来说，每一个维度他都有各自的特点，对于自己的周期以及相应的方法都有差异，而这种对应的周期所持续的时间也是大概为期半年左右。

九、原型化方法

对于生命周期法来说，这就要求软件开发人员必须要将开发软件的相关资料进行严格的认定，而且还要有一些严格意义上的说明和定义。所以说传统的生命周期法并不适合于所有的软件开发，但是相对于原型化方法，主要就是软件开发人员原型化设计所要求的，相对于原型化系统这一阶段的确定，软件本身需要的要求，而且在原有的概念基础上来开发系统，并且由软件开发人员进行科学的审评。

十、自动形式系统开发法

这种软件开发技术相较于时间较久的软件开发来说属于第四代软件开发形式，自动形式系统开发法所规定的是，用户需要对目标和内容进行确切的指出，软件开发人员然后再根据用户的具体需求，自动来完成计算机软件系统的编码设计。

十一、统一建模语言

Unified Modeling Language（UML）又称统一建模语言或标准建模语言，是始于1997年一个OMG标准，它是一个支持模型化和软件系统开发的图形化语言，为软件开发的所有阶段提供模型化和可视化支持，包括由需求分析到规格，到构造和配置。面向对象的分析与设计（OOA&D，OOAD）方法的发展在20世纪80年代末至90年代中出现了一个高潮，UML是这个高潮的产物。

Grady Booch（格雷迪·布奇）的描述对象集合和它们之间的关系的方法。James Rumbaugh（詹姆斯·兰宝）的对象建模技术（OMT）。Ivar Jacobson（雅各布森）的包括用例方法的方式。还有其他一些想法也对UML起到了作用，UML是Booch，Rumbaugh，Jacobson。UML已经被对象管理组织（OMG）接受为标准，这个组织还制定了通用对象请求代理体系结构（CORBA），可以说是分布式对象编程行业的领头羊。计算机辅助软件工程（CASE）产品的供应商也支持UML，并且它基本上已经被所有的软件开发产品制造商所认可，这其中包括IBM和微软（用于它的VB环境）公司。

UML规范用来描述建模的概念有以下几种：类（对象的）、对象、关联、职责、行为、接口、用例、包、顺序、协作以及状态。

UML的目标是以面向对象图的方式来描述任何类型的系统，具有很宽的应用领域，其中最常用的是建立软件系统的模型，但它同样可以用于描述非软件领域的系统，如机械系统、企业机构或业务过程，以及处理复杂数据的信息系统、具有实时要求的工业系统或工业过程等。总之，UML是一个通用的标准建模语言，可以对任何具有静态结构和动态行为的系统进行建模。

此外，UML适用于系统开发过程中从需求规格描述到系统完成后测试的不同阶段。在需求分析阶段，可以用用例来捕获用户需求。通过用例建模，描述对系统感兴趣的外部角色及其对系统（用例）的功能要求。分析阶段主要关心问题域中的主要概念（如抽象、类和对象等）和机制，需要识别这些类以及它们相互间的关系，并用UML类图来描述。

为实现用例，类之间需要协作，这可以用UML动态模型来描述。在分析阶段，只对问题域的对象（现实世界的概念）建模，而不考虑定义软件系统中技术细节的类（如处理用户接口、数据库、通信和并行性等问题的类）。这些技术细节将在设计阶段引入，因此，设计阶段为构造阶段提供更详细的规格说明。

总之，标准建模语言UML适用于以面向对象技术来描述任何类型的系统，而且适用于系统开发的各个不同阶段，以及从需求规格描述直至系统完成后的测试和维护。

随着社会的发展，计算机被越来越多的应用到各个领域当中，成为社会现代化发展的一个重要标志。而计算机软件作为计算机中的一个部分，是计算机发展的基础。对于用户而言，计算机的价值主要体现在计算机软件上，如果没有计算机软件，那么这台计算机也就是一台没有用的机器而已。计算机软件可以体现计算机的思想，能够快速的处理大量的信息。在当今信息化时代的到来，计算机已十分普遍，计算机软件开发技术对计算机网络的发展有重大的意义。我们要科学的利用计算机软件的开发技术，较少的投入人力、物力获得更大的效益，开发出更多的能够为人们的生活提供便利的软件，此外，在研发的过程中还要注意软件开发技术的创新，让计算机软件开发业迅速发展。

第六章 软件测试

软件测试是软件工程学科的一个重要分支。在软件开发过程中,软件测试是对软件需求分析、设计规格说明书和程序的最终审核,是软件质量保证的关键步骤。随着软件的发展,软件测试在整个软件工程中的地位越来越重要,社会对高效化、专业化软件测试的需求越来越强烈。本章内容为软件测试概述、软件测试的阶段以及软件测试管理与实践。

第一节 软件测试概述

一、软件测试的定义

软件测试是验证一个系统是否满足规定需求或识别实际结果与预期之间差异的过程。在计算机领域中,测试定义为使用一组受控的条件和激励,以发现错误为目标的验证方法,是验证功能和性能需求最常用的方法。测试结果需要文档化以表明需求已被满足并可以进行复现,结果可以被相关人员审查以证实其效力。

二、软件测试的原则

(一)采用第三方测试团队

不管是程序员还是开发小组,都应当避免测试自己的程序或者本组开发的功能模块。若条件允许,应当由独立于开发组和客户的第三方测试组或测试机构来进行软件测试。但这并不是说程序员不能测试自己的程序,而且更加鼓励程序员进行调试,因为测试由别人来进行可能会更加有效、客观,并且容易成功,而允许程序员自己调试也会更加有针对性。

(二)贯穿整个生命周期

应当把软件测试贯穿到整个软件开发的过程中,而不应该把软件测试看作是其过程中的一个独立阶段。因为在软件开发的每一环节都有可能产生意想不到的问题,其影响因素有很多,如软件本身的抽象性和复杂性,软件所涉及问题的复杂性,软件开发各个阶段工作的多样性,各层次工作人员的配合关系等。所以要坚持软件开发各阶段的技术评审,把错误克服在早期，从而减少成本，提高软件质量。

（三）正确对待测试用例

第一，测试用例应当由测试输入数据和预期输出结果这两部分组成；第二，在设计测试用例时，不仅要考虑合理的输入条件，更要注意不合理的输入条件。因为，在软件投入实际运行中，往往不遵守正常的使用方法，会进行一些甚至大量的意外输入，导致软件不能及时做出适当的反应，很容易产生一系列的问题，轻则输出错误的结果，重则瘫痪失效。因此，常用些不合理的输入条件来发现更多的鲜为人知的软件缺陷。

（四）尽早定义质量标准

只有建立了质量标准，才能根据测试的结果，对产品的质量进行分析和评估。同样，测试用例应该确定期望输出结果。如果无法确定测试期望结果，则无法进行检验，必须用预先精确对应的输入数据和输出结果来对照检查当前的输出结果是否正确，做到有的放矢。

（五）不可能穷尽测试

穷尽测试是不可能的，当满足一定的测试出口准则时，测试就应当终止。考虑到所有可能输入值和它们的组合，以及结合所有不同的测试前置条件，这是一个天文数字，没有可能进行穷尽测试。在实际测试过程中，测试人员无法执行"天文"数字的测试用例。所以说，每个测试都只是抽样测试。因此，必须根据测试的风险和优先级，控制测试工作量，在测试成本、收益和风险之间求得平衡。

事实上，对于软件来讲，无论采用什么技术和方法，软件中仍然会有错误，可以尽量减少这些错误，但不能完全杜绝。在遵守以上原则的基础上进行软件测试，可以以最少的时间和人力找出软件中的各种缺陷，从而达到保证软件质量的目的。因此，软件测试是软件产品开发过程中一个十分重要的环节，这是软件行业几十年的实践所证明，也是开发人员从不断的失败中总结出来的经验。

三、软件测试的过程

（一）软件测试计划

①测试项目启动：首先要组建测试小组，确定测试小组成员，一些成熟度比较高的公司如果已经设有软件测试部门对项目进行测试，就不需要临时组建了。测试小组成员要参加有关项目开发计划、系统分析和设计的会议，获得必要的需求规格说明书、系统详细设计文档，以及相关产品和技术知识的培训。

②测试计划制订：测试部门需要明确测试范围、测试策略和应用的测试技术，并对整体项目开发测试的风险、期限、所需相关资源等进行分析和估计。

（二）软件测试设计

当测试计划完成之后，测试过程就要进入软件测试设计和开发阶段。软件测试设计建立在软件测试计划说明文档的基础上，认真理解测试计划的测试大纲、测试内容及测试的通过准则，通过测试用例来完成测试内容与程序逻辑的转换，作为测试实施的依据，以实现所确定的测试目标。软件设计是将软件需求转换成为软件表示的过程，主要描绘出系统结构、详细的处理过程和数据库模式。软件测试设计是将测试需求转换成测试用例的过程，它要描述测试环境、测试执行的范围、层次和用户的使用场景以及测试输入和预期的测试输出等。所以软件测试设计和开发是软件测试过程中一个技术深、要求高的关键阶段。软件测试设计主要包括如下内容。

①制订测试的技术方案，确认各个测试阶段要采用的测试技术、测试环境和平台，以及选择什么样的测试工具。系统测试中的安全性、可靠性、稳定性、有效性等的测试技术方案是这部分工作内容的重点。

②设计测试用例，即根据产品需求分析、系统设计等规格说明书，在测试技术选择的方案基础上，设计具体的测试用例。

③设计测试用例特定的集合，满足一些特定的测试目的和任务，即根据测试目标、测试用例的特性和属性来选择不同的测试用例，构成执行某个特定测试任务的测试用例集合，如基本测试用例组、专用测试用例组、性能测试用例组、其他测试用例组等。

④测试环境的设计，即根据所选择的测试平台以及测试用例所要求的特定环境，进行服务器、网络等测试环境的设计。

（三）软件测试执行

当测试用例的设计和测试脚本的开发完成之后，就开始执行测试。测试的执行有手工测试和自动化测试之分。手工测试在合适的测试环境上，按照测试用例的条件、步骤要求，准备测试数据，对系统进行操作，比较实际结果和测试用例所描述的期望结果，以确定系统是否正常运行或正常表现；自动化测试通过测试工具，运行测试脚本，得到测试结果。要对每个测试阶段的结果进行分析，保证每个阶段的测试任务得到执行，并达到阶段性目标。

（四）软件测试报告

测试执行全部完成，并不意味着测试项目的结束。测试项目结束的阶段性标志是将测试报告或质量报告发出去后，得到测试经理或项目经理的认可。除了测试报告或质量报告的写作之外，还要对测试计划、测试设计和测试执行等进行检查、分析，完成项目的总结，编写《测试总结报告》。测试报告阶段通常包括以下活动。

①审查测试全部过程：在原来跟踪的基础上，要对测试项目进行全过程、全方位的审视检查测试计划、测试用例是否得到执行，检查测试是否有漏洞。

②对当前状态的审查：包括产品 Bug 和过程中没解决的各类问题。对产品目前存在的缺陷进行逐个的分析，了解对产品质量影响的程度，从而决定产品的测试能否告一段落。

③结束标志：根据上述两项的审查进行评估，如果所有测试内容完成、测试的覆盖率达到要求以及产品质量达到已定义的标准，就可以对测试报告定稿，并发送出去。

④项目总结：对项目中的问题进行分析，找出流程、技术或管理中所存在的问题根源，避免今后发生，并获得项目成功经验。

四、软件测试的方法

（一）静态测试

静态测试是指不运行被测程序本身，仅通过分析或检查源程序的语法、结构、过程、接口等，来检查程序的正确性。对需求规格说明书、软件设计说明书及源程序作结构分析流程图分析和符号执行来找错。静态测试通过程序静态特性的分析，找出欠缺和可疑之处，如不匹配的参数，不适当的循环嵌套和分支嵌套，不允许的递归，未使用过的变量，空指针的引用，可疑的计算等。静态测试结果可用于进一步的查错，并为测试用例选取提供指导。

（二）动态测试

动态测试是指通过运行被测程序，检查运行结果与预期结果的差异，并分析运行效率和健壮性等性能。这种方法由 3 部分组成：构造测试实例、执行程序及分析程序的输出结果。根据动态测试在软件开发过程中所处的阶段和作用，动态测试可分为单元测试、集成测试、系统测试、验收测试和回归测试等。

（三）白盒测试

白盒测试也称结构测试或逻辑驱动测试，它是按照程序内部的结构测试程序，通过测试来检测产品内部动作是否按照设计规格说明书的规定正常进行，检验程序中的每条通路是否都能按预定要求正确工作。这一方法是把测试对象看作一个打开的盒子，测试人员依据程序内部逻辑结构相关信息，设计或选择测试用例，对程序所有逻辑路径进行测试，通过在不同点检查程序的状态，确定实际的状态是否与预期的状态一致。

（四）黑盒测试

黑盒测试也称功能测试，它是通过测试来检测每个功能是否都能正常使用。在测试中，把程序看作一个不能打开的黑盒子，在完全不考虑程序内部结构和内部特性的情况下，在程序接口进行测试，它只检查程序功能是否按照需求规格说明书的规定正常动作，程序是否能适当地接收输入数据而产生正确的输出信息。黑盒测试着眼于程序外部结构，不考虑内部逻辑结构，主要针对软件界面和软件功能进行测试。

（五）灰盒测试

灰盒测试是介于白盒测试与黑盒测试之间的测试。灰盒测试关注输出对于输入的正确性，同时也关注内部表现，但这种关注不像白盒那样详细完整，只是通过一些表征性的现象、事件、标志来判断内部的运行状态。有时候输出是正确的，但内部其实已经错误了，这种情况非常多，如果每次都通过白盒测试来操作，效率会很低，因此需要采取灰盒测试。

软件测试贯穿软件开发的各个阶段，同时也是不断迭代循环的过程。每个阶段并非是孤立的，它们相互依赖、相互促进。以上的测试方法各有所长，每种方法都可以设计出一组有用的例子，用这组测试用例可以比较容易地发现某种类型的错误，但是却不容易发现另一种类型的错误，因此在实际测试中，要理解各个测试的测试依据测试要点和测试技术，结合各种测试方法，形成综合策略，才能真正从整体上把握软件测试这门学科。

五、软件测试用例

（一）软件测试用例的定义

软件测试是有组织性、步骤性和计划性的活动。为了降低软件质量风险，提高软件测试活动质量，软件测试活动实施时必须创建和维护测试用例。测试用例是测试工作的指导，好的测试用例，可以用最少的人力、资源投入，避免盲目测试，并提高测试效率，减少测试的不完全性，在最短的时间内完成测试，发现软件系统的缺陷，保证软件的优良品质。

一个测试项用来指定一系列情景和每个情景中的输入、预期结果和一组执行条件，而对软件的正确性进行判断的文档，称为测试用例。测试用例就是对软件测试的行为活动做一个科学化的组织归纳。

（二）软件测试用例的构成

测试用例的组成元素通常包括以下内容。

测试用例编号ID：这是用例的唯一标识，可以分级表示产品或项目的名称、用例属性、测试子项、测试用例序号等信息。

测试用例标题：即用例名称。

测试项：作为测试对象的软件项。

测试依据：说明测试所依据的内容来源，如系统测试依据的是用户需求，配置项测试依据的是软件需求，集成测试和单元测试依据的是软件设计。

测试说明：简要描述测试的对象、目的和所采用的测试方法。

测试预制条件或环境：即测试的初始化要求，包括硬件配置、软件环境、测试配置、参数设置等。

测试输入：也称为测试数据，指在测试用例执行中发送给被测试对象的所有测试命令、数据和信号等。

测试步骤：即实施测试用例的操作过程，是一系列按照执行顺序排列的相对独立的步骤。

期望的输出结果：说明测试用例执行中由被测软件所产生的期望的测试结果。期望测试结果应该有具体内容，如确定的数值、状态或信号等，不应是不确切的概念或笼统的描述。

实际输出结果：即执行测试用例后所产生的实际测试结果。根据每个测试用例的期望测试结果、实际测试结果和评价准则，判定该测试用例是否通过。

其它说明：即执行该测试用例的其他特殊要求和约束。

（三）软件测试用例的编制

1. 编写测试用例

编写测试用例文档应有文档模板，须符合内部的规范要求。测试用例文档将受制于测试用例管理软件的约束。软件产品或软件开发项目的测试用例一般以该产品的软件模块或子系统为单位，形成一个测试用例文档，但并不是绝对的。

测试用例文档由简介和测试用例两部分组成。简介部分编制了测试目的、测试范围、定义术语、参考文档、概述等。测试用例部分逐一列示各测试用例。每个具体测试用例都将包括下列详细信息：用例编号、用例名称、测试等级、入口准则、验证步骤、期望结果（包含判断标准）、出口准则、注释等。以上内容涵盖了测试用例的基本元素：测试索引、测试环境、测试输入、测试操作、预期结果、评价标准。

2. 设置测试用例

早期的测试用例是按功能设置用例；后来引进了路径分析法，按路径设置用例；目前演变为按功能、路径混合模式设置用例。

按功能测试是最简捷的，按用例规约遍历测试每一项功能。

对于复杂操作的程序模块，其各功能的实施是相互影响、紧密相关、环环相扣的，可以演变出数量繁多的变化。没有严密的逻辑分析，产生遗漏在所难免。路径分析是一个很好的方法，其最大的优点在于可以避免漏测试。但路径分析法也有局限性。一个非常简单的字典维护模块就存在十余条路径，一个复杂的模块会有几十到上百条路径不足为奇。编者以为这是路径分析比较合适的使用规模。若一个子系统有十余个或更多的模块，这些模块相互有关联，再采用路径分析法，其路径数量成几何级增长，达五位数或更多，就无法使用了，那么子系统模块间的测试路径或测试用例还是要靠传统方法来解决。这是按功能、路径混合模式设置用例的由来。

3. 设计测试用例

测试用例可以分为基本事件、备选事件和异常事件。设计基本事件的用例，应该参照用例规约（或设计规格说明书），根据关联的功能、操作按路径分析法设计测试用例。而对孤立的功能则直接按功能设计测试用例。基本事件的测试用例应包含所有需要实现的需求功能，覆盖率达100%。

设计备选事件和异常事件的用例，则要复杂和困难得多。例如，字典的代码是唯一的，不允许重复。测试需要验证：字典新增程序中已存在有关字典代码的约束，若出现代码重复必须报错，并且报错的文字正确。往往在设计编码阶段形成的文档对备选事件和异常事件分析描述不够详尽，而测试本身则要求验证全部非基本事件，并同时尽量发现其中的软件缺陷。可以采用软件测试常用的基本方法，如等价类划分法、边界值分析法、错误推测法、因果图测试法、逻辑覆盖法等设计测试用例。视软件的不同性质采用不同的方法。如何灵活运用各种基本方法来设计完整的测试用例，并最终实现暴露隐藏的缺陷，全凭测试设计人员的丰富经验和精心设计。

（四）软件测试用例的作用

1. 指导测试实施

测试用例主要适用于集成测试、系统测试和回归测试。在实施测试时测试用例作为测试的标准，测试人员一定要严格按照测试用例项目和测试步骤逐一实施测试，并把测试情况记录在测试用例管理软件中，以便自动生成测试结果文档。根据测试用例的测试等级，集成测试应测试哪些用例，系统测试和回归测试又该测试哪些用例，在设计测试用例时都已明确规定，实施测试时测试人员不能随意变动。

2. 规划测试数据

实践测试中测试数据是与测试用例分离的。按照测试用例配套准备一组或若干组测试原始数据以及标准测试结果，尤其要保证测试报表之类数据集的正确性，按照测试用例规划准备测试数据是十分必要的。除正常数据之外，还必须根据测试用例设计大量边缘数据和错误数据。

3. 编写测试脚本

为提高测试效率，软件测试已大力发展自动测试。自动测试的中心任务是编写测试脚本。如果说软件工程中软件编程必须有设计规格说明书，那么测试脚本的设计规格说明书就是测试用例。

4. 评估测试结果

完成测试实施后需要对测试结果进行评估，并且编制测试报告。判断软件测试是否完成、衡量测试质量需要一些量化的结果，如测试覆盖率、测试合格率以及重要测试合格率等。以前统计基准是软件模块或功能点，显得过于粗糙，采用测试用例作度量基准更加准确、有效。

5. 分析缺陷结果

通过收集缺陷，对比测试用例和缺陷数据库，分析确证是漏测还是缺陷复现。漏测反映测试用例的不完善,应立即补充相应测试用例,最终逐步完善软件质量;而已有相应测试用例,则反映实施测试或变更处理是否存在缺陷问题。

第二节 软件测试的阶段

一、单元测试

(一)单元测试的定义

单元测试是在整个软件开发过程中要进行的最基本的测试活动,在单元测试相关活动中,软件的模块将在与系统的其他部分相互无关联的情况下进行测试。单元测试不仅仅作为编码的一种辅助手段,在一次性的开发过程中使用,而且单元测试必须是可复用的,无论是在软件修复,或是移植到新的运行环境的过程中。因此,所有的测试都贯穿整个软件开发的生命周期,必须在整个软件系统的生命周期中进行维护。单元测试一般包括4个活动:制订单元测试计划、设计单元测试、实现单元测试、执行单元测试。

(二)单元测试的重要性

单元测试是软件测试的基础,会在很大程度上影响产品的质量。单元测试的重要性可以从如下几个方面看出。

时间方面:如果模块做好了单元测试,在系统集成时就会比较顺利,会节省很多时间,反之那些由于思想意识不做单元测试或随便做做的工作人员,在集成时往往会遇到那些本应该在单元测试就能发现的问题。

测试效果:根据以往的测试经验来看,单元测试的效果是非常明显的,首先它是整个测试的基础,做好了单元测试,在做后期的集成测试和系统测试时就比较顺利;其次在单元测试过程中,能发现一些很容易发现而在集成测试和系统测试很难发现的问题;再次单元测试关注的范围也比较特殊,它不仅仅是证明这些代码做了什么,最重要的是代码是如何做的。

测试成本:在单元测试时,某些问题很容易发现,而在后期的测试中发现问题所花的成本将成倍数上升。比如在单元测试时发现一个问题需要1个小时,则在集成测试时发现该问题可能需要2个小时或更多,在系统测试时发现则需要3个小时或更多。同理还有定位问题和解决问题的费用也是成倍上升的,这就是要尽可能早的排除尽可能多的Bug,以减少后期成本的原因之一。

产品质量:单元测试的好与坏直接影响到产品的质量。代码中的某一个小错误就可能导致整个产品的质量降低一个指标,甚至导致更严重的后果。如果做好了单元测试,这种情况是可以完全避免的。

（三）单元测试的目的

确保各单元模块被正确地编码是单元测试的主要目标，但是单元测试的目标不仅是测试代码的功能性，还需要保证代码在结构上的正确和可靠，并且能够在所有条件下正确响应。单元测试需要完成以下目的。

①代码质量。数据能否正确地进行输入和输出。

②内部数据完整性。内部数据的形式、内容及相互关系不发生错误等。

③代码的可维护。如果单元中发生了错误，处理措施是否有效。

④代码的可扩展性。

（四）单元测试的实现

1. 模块接口测试

在单元测试中，首先应该考虑数据是否能够在被测模块中正确地输入输出，这是实现被测模块功能的基本条件。对被测模块接口的检查和确认是单元测试的基础。测试接口是否正确应该考虑以下因素。

①输入的实参与形参在个数、属性、量纲、顺序上是否匹配。

②被测模块调用其他模块时，传递的实参在个数、属性、量纲、顺序上与被调用模块的形参是否匹配。

③调用标准函数时，传递的实参在个数、属性、量纲、顺序上是否正确。

④是否存在与当前入口点无关的参数引用。

⑤是否修改了只做输入用的只读形参。

⑥全局变量在每个模块中的定义是否一致。

⑦是否将某些约束条件作为形参来传递。

2. 数据结构测试

检查局部数据结构是为了保证临时存储在模块内的数据在程序执行过程中的完整、正确。局部数据结构错误是最常见的软件缺陷根源，检查局部数据结构应考虑以下错误因素。

①不正确、不一致的数据类型说明。

②未初始或未赋值的变量。

③变量存在初始化或默认值错误。

④变量名拼写错误。

⑤上溢、下溢或地址异常。

3. 边界条件测试

边界上出现错误是最为常见的。设计测试用例时需要检查以下几方面内容。

①普通合法数据能否正确处理。

②普通非法数据能否正确处理。
③数据流、控制流中刚好等于、大于或者小于确定的比较值时是否出现错误。

4．执行路径测试

单元测试的基本任务是保证被测模块中的每条语句至少能被执行一次。对独立路径和循环的测试是最常用和最有效的测试技术，以发现因错误的计算、错误的比较和不适当的控制流而导致的缺陷。

常见的错误计算如下。
①操作符的优先次序是否被正确理解。
②是否存在混合模式的计算。
③是否存在被零除的风险。
④运算精度不准确。
⑤变量的初值是否正确。
⑥表达式的符号是否正确。

常见的比较和控制流错误如下。
①不同数据类型变量之间的比较。
②错误地使用逻辑运算符或优先次序。
③因计算机表示的局限性，导致浮点运算精度不够，期望理论相等而实际不相等的两个值相等。
④错误的变量和比较符。
⑤不能终止的循环。
⑥迭代发散，导致不能退出。
⑦错误地修改了循环变量，导致循环次数多一次或少一次。

5．错误处理测试

一个设计合理的测试用例应该能够预测和发现各种错误，并预设各种出错的处理途径，以提高系统容错能力，保证逻辑正确性。错误处理测试应考虑以下几个方面。
①输出的错误信息提示是否易于理解。
②显示的错误信息是否与实际发生错误一致。
③对错误条件的处理是否正确，即是否存在不当的异常处理。
④在程序自定义的出错处理运行之前，缺陷条件是否已经引起系统干预。
⑤错误陈述中是否提供足够的出错定位信息。

二、集成测试

（一）集成测试的定义

集成测试是单元测试的逻辑扩展。它最简单的形式是：两个已经测试过的单元组合成一个组件，并且测试它们之间的接口。从这一层意义上讲，组件是指多个单元的集成聚合。在现实方案中，许多单元组合成组件，而这些组件又聚合成程序的更大部分。此外，如果程序由多个进程组成，应该成对测试它们，而不是同时测试所有集成测试进程。集成测试识别组合单元时出现的问题，通过使用要求在组合单元前测试每个单元并确保每个单元的生存能力的测试计划，可以知道在组合单元时所发现的任何错误很可能与单元之间的接口有关。这种方法将可能发生的情况数量减少到更简单的级别。

集成测试是在单元测试的基础上，测试在将所有的软件单元按照概要设计规格说明的要求组装成模块、子系统或系统的过程中各部分工作是否达到或实现相应技术指标及要求的活动。也就是说，在集成测试之前，单元测试应该已经完成，集成测试中所使用的对象应该是已经经过单元测试的软件单元。这一点很重要，因为如果不经过单元测试，那么集成测试的效果将会受到很大影响，并且会大幅增加软件单元代码纠错的代价。集成测试通常包括以下4个活动：制订集成测试计划、设计集成测试、实现集成测试、执行集成测试。

（二）集成测试的目的

实践表明，一些模块虽然能够单独地工作，但并不能保证连接起来也能正常工作。在某些局部反映不出的问题，在全局上很可能暴露出来，影响功能的实现。因此，集成测试应当考虑以下问题。

①在把各个模块连接起来时，穿越模块接口的数据是否会丢失。

②各个子功能组合起来，能否达到预期要求的父功能。

③一个模块的功能是否会对另一个模块的功能产生不利影响。

④全局数据结构是否有问题，会不会被异常修改。

⑤单个模块的误差累计起来，是否会放大，从而达到不可接受的程度。

因此，在单元测试后，系统测试前，有必要进行集成测试，发现并排除在模块连接中可能发生的上述问题，最终构成要求的子系统或系统。

一般可以把集成测试划分成3个级别：模块内集成测试、子系统内集成测试和子系统间集成测试。所有的软件项目都不能摆脱系统集成这个阶段。不管采用什么开发模式，具体的开发工作总是从一个一个软件单元做起，软件单元只有经过集成才能形成一个有机的整体。具体的集成过程可能是显性的，也可能是隐性的。只要有集成，总是会出现一些常见问题，工程实践中，几乎不存在软件单元组装过程中不出任何问题的情况。

（三）集成测试的原则

集成测试是产品研发中的重要工作，需要为其分配足够的资源和时间。总体来看，集成测试的原则有以下几点。

①所有的公共接口都要被测试到。
②关键模块必须进行充分的测试。
③集成测试应该按一定的层次进行。
④集成测试的策略应该综合考虑质量、进度及成本。
⑤当满足测试计划中的结束标准时，集成测试结束。
⑥集成测试根据计划和方案进行，防止测试的随意性。
⑦项目管理者保证测试用例经过审查。
⑧如实记录测试的执行结果。

（四）集成测试的实现

1. 分析集成测试对象

在进行集成测试之前要明确的是集成测试的对象，只有测试对象明确了，测试用例才能准确的编写出来。集成测试对象分析最为关键的就是模块划分。根据集成测试的范围，如果是子系统间的集成，那么被测对象就是可执行的程序；如果是函数级别的测试，那么被测对象就应该是模块。

划分集成测试模块是一件细致的工作，它在很大程度上决定了集成测试计划的效果。如果模块划分太小，那势必加大工作量，使整个集成测试难于在规定的时间内完成，甚至会影响整个测试的进度；划分太大，又难以达到测试效果。如何划分集成测试模块，需要注意如下问题。

①本集成测试的任务。
②待测模块与其他模块的关系。
③注意集成顺序，耦合度高的先集成，耦合度低的后集成。

模块划分的总体原则如下。

①关键模块应作为集成测试对象。
②容易出错模块作为集成测试对象。
③底层模块要作为集成测试对象。

待测模块应该满足以下几点。

①被集成的几个模块关系紧密，能够独立完成某种功能。
②耦合度不易太高。如果待测模块与其他模块耦合度太高，调用太过频繁，则需要考虑屏蔽外部功能。
③其他模块发往待测模块的消息容易构造、修改。

2. 确定集成测试接口

集成测试接口应该选择在具有明显层次性的地方，这样接口才会比较清晰，接口的清晰才能使得测试驱动变得简洁，这对集成测试有很大的好处。

（1）集成测试接口分析

①集成测试各个模块间如何互相传递参数。

②对原有模块，尤其是封装很好的模块测试时不宜破坏。

③测试环境具有一定的稳定性，因为集成测试不只测试一次，易变的接口对重复测试不利。

（2）集成测试接口划分

①确定系统边界、子系统边界和模块边界。

②确定子系统内模块间接口。

③确定子系统间接口。

④确定系统与硬件间接口。

⑤确定系统与操作系统间接口。

⑥确定系统与其他软件间接口。

（3）集成测试接口的分类

在实际测试中我们会遇到很多接口，接口分类也有不同种类，总结下来大体分为以下几种。

函数接口：通过函数间调用和被调用关系来确定，关于函数接口的集成测试技术现在已经比较成熟。

类接口：在面向对象系统中，类接口是最基本的接口。类接口一般可以通过继承、参考类、不同类方法调用等策略来实现。

组件接口：这类组件主要通过对象请求代理（ORB）来相互交换信息。ORB 是一种中间件技术，负责管理和支持分布式对象或组件之间的通信。

三、系统测试

（一）系统测试的定义

系统测试是为验证和确认系统是否达到其原始目标，而对集成的硬件和软件系统进行的测试。系统测试用于在真实或模拟系统运行的环境下，检查完整的程序系统能否和系统（包括硬件、外设、网络和系统软件、支持平台等）正确配置、连接，并满足用户需求。系统测试应该由若干个不同测试组成，目的是充分运行系统，验证系统各部件是否都能正常工作并完成所赋予的任务。

（二）系统测试的类型

1. 功能测试

功能测试就是对产品的各功能进行验证，根据功能测试用例，逐项测试，检查产品是否达到用户要求的功能。功能测试也称黑盒测试或数据驱动测试，只需考虑各个功能，而不用考虑整个软件的内部结构及代码，一般从软件产品的界面、架构出发，按照需求编写出来自测试用例，输入的数据在预期结果和实际结果之间进行评测，进而提出更能使产品达到用户使用的要求。

2. 恢复测试

恢复测试主要检查系统的容错能力。当系统出错时，能否在指定时间间隔内修正错误并重新启动系统。恢复测试首先要采用各种办法强迫系统失败，然后验证系统是否能尽快恢复。对于自动恢复须验证重新初始化、检查点、数据恢复和重新启动等机制的正确性；对于人工干预的恢复系统，还须估测平均修复时间，确定其是否在可接受的范围内。

3. 强度测试

强度测试是检查程序对异常情况的抵抗能力。强度测试总是迫使系统在异常的资源配置下运行。例如，①当中断的正常频率为 1～2 个 /s，运行每秒产生 10 个中断的测试用例；②定量地增长数据输入率，检查输入子功能的反应能力；③运行需要最大存储空间（或其他资源）的测试用例；④运行可能导致虚存操作系统崩溃或磁盘数据剧烈抖动的测试用例等。

4. 性能测试

对于实时和嵌入式系统，软件部分即使满足功能要求，也未必能够满足性能要求，虽然从单元测试起，每个测试步骤都包含性能测试，只有当系统真正集成之后，在真实环境中才能全面、可靠地测试运行性能。系统性能测试就是为了完成这一任务。性能测试有时与强度测试相结合，经常需要其他软硬件的配套支持。

5. 安全测试

安全测试是检查系统对非法侵入的防范能力。安全测试期间，测试人员假扮非法入侵者，采用各种办法试图突破防线。例如，①想方设法截取或破译口令；②专门定做软件破坏系统的保护机制；③故意导致系统失败，企图在恢复之际非法进入；④试图通过非保密数据，推导所需信息等。从理论上讲，只要有足够的时间和资源，就没有不可进入的系统。因此，系统安全设计的准则是使非法侵入的代价超过被保护信息的价值。此时非法侵入者已无利可图。

第三节　软件测试管理与实践

一、软件测试计划管理

（一）软件测试计划的定义

软件测试计划是指导测试过程的纲领性文件，是测试文档中的重中之重。它包含了产品概述、测试策略、测试方法、测试区域、测试配置、测试周期、测试资源、测试交流风险分析等内容。借助软件测试计划，参与测试的项目成员可以明确测试任务和测试方法、保持测试实施过程的顺畅沟通、跟踪和控制测试进度、应对测试过程中的各种变更。

（二）软件测试计划的内容

测试对象：测试过程的第一个论题就是确定测试的对象。在软件定义阶段产生的可行性报告、项目实施计划、软件需求说明书或系统功能说明书、在软件开发阶段产生的概要测试说明书、详细设计说明书以及源程序等都是软件测试的对象。

测试内容：测试计划需要明确在项目中工作的人员、人员做什么以及怎样和其他工作人员取得联系。测试计划应该包括项目中所有主要人员的姓名、职务、地址、电话号码、电子邮件和职责范围等。同样，相关文档放在哪里、软件从哪里下载、测试工具从哪里得到等都需要明确。

术语定义：软件计划过程必须包含小组成员用词和术语定义，务必要求求同存异，保证全体人员说法一致。

确定测试范围：计划过程中需要验明软件的每一部分，知道是否要测试该部分，如果没有测试，需要说明这样做的理由。如果由于误解使得部分代码在整个开发周期漏掉而未做任何测试，这将会产生灾难性的后果。

测试阶段：测试阶段的计划取决于项目的开发模式。在边写边改的模式中，可能只有一个测试阶段，即某个成员宣布自己的工作完成时进行测试；在流水线和螺旋模式中，从检查产品说明书到验收测试可能有几个阶段，测试计划属于其中的一个测试阶段。测试计划过程应该明确每一个预定的测试阶段，并且通知项目小组。

测试策略：测试策略描述测试小组用于测试整体和每个阶段的方法。做决策是一项复杂的工作，需要经验相当丰富的测试人员来做，因为这将决定测试工作的成败。

资源要求：计划资源要求是确定实现测试策略必备条件的过程。在项目期间测试可能用到的任何资源都要考虑，如人员、设备、办公及实验室空间、软件、外包测试公司等。

测试人员分配：计划测试人员任务分配是指明确测试人员负责软件的哪个部分、哪些可测试特性。责任要详细，并且确保软件的每个功能都分配到人、每一个测试人员都清楚自己负责什么、有足够的信息开始设计测试用例。

测试进度：制订测试计划的一个重要问题就是测试工作通常不能平均分布在整个产品开发周期中，最终影响项目进度。因此，在制定测试进度时，应避免僵化地规定启动和停止任务的日期，而是根据测试阶段定义的进入和退出规则采用相对日期，这样会使得测试过程容易管理。项目管理员或者测试管理员最终负责进度安排，要求测试人员安排自己的具体任务。

测试用例：这部分内容主要包括测试计划过程中决定采用什么方法编写测试用例，在哪里保存测试用例，如何使用和维护测试用例。

缺陷报告：通过哪些测试方法，发现了哪些 Bug，这些 Bug 又是怎样被解决的，解决之后有没有新的衍生 Bug 等。

风险和问题：测试计划中常用而且非常实用的部分是明确指出项目潜在的问题或者风险区域对测试工作产生影响之处。测试人员需要明确指出计划中存在的风险，并与测试管理人员和项目管理人员交流意见。

（三）软件测试计划的文档

测试计划阶段的测试文档，是指明测试范围、方法、资源以及相应测试活动的时间进度安排表的文档。测试计划文档应该包含以下内容。

测试目标：测试目标表示该测试计划应达到的目标。

测试背景和测试范围：简要描述项目背景及所要求达到的目标，如项目的主要功能特征、体系结构及简要历史等。此外指明该计划的适用对象及范围。

测试对象：列出所有将被作为测试目标的测试项，包括功能需求、非功能需求、性能及可移植性。

二、软件测试报告管理

（一）软件测试报告的定义

测试报告是指把测试的过程和结果写成文档，对发现的问题和缺陷进行分析，为纠正软件所存在的质量问题提供依据，同时为软件验收和交付打下基础。测试报告是测试阶段最后的文档产出物。优秀的测试经理或测试人员应该具备良好的文档编写能力。一份详细的测试报告包含足够的信息，包括产品质量和测试过程的评价，测试报告基于测试中的数据采集以及最终的测试结果分析。

（二）软件测试报告的内容

不论以何种格式编写测试报告，测试报告都应该包括如下内容。

①测试目的：本测试报告的具体编写目的，指出相关干系人。

②项目背景：目标和目的进行简要说明。

③测试环境：测试应该具备的软/硬件环境。

④相关人员：参与的测试执行人员、测试管理人员、开发人员、策划人员、产品人员等相关干系人。

⑤测试时间：测试计划时间、实际测试时间。

⑥测试方法：功能测试、专项测试等具体测试策略。

⑦测试范围：测试的主要范围或者测试的对象。

⑧测试结构与缺陷分析：整个测试报告核心的部分，主要汇总各种数据并进行度量。度量包括对测试过程的度量和能力评估、对软件产品的质量度量和产品评估、软件的风险评估以及最后的测试结论。测试报告可以是版本测试报告，也可以是产品测试报告。版本测试报告是指对同一个产品的不同迭代周期的测试报告；产品测试报告是指对一个产品全功能测试的执行结果报告。

（三）软件测试报告实践

每个公司都有自己的测试报告模板，测试报告填写的难点在于测试结果和缺陷分析。测试结果关乎软件质量是否过关且相关人员是否要承担一定的质量责任。例如，当版本测试的结果是不通过，原因是软件出现严重影响使用的缺陷时，这个版本则需要重新开发并测试，这时就会追究造成严重缺陷的原因。若该缺陷是人为因素导致，则需要以降低KPI等方式进行惩罚。

缺陷分析可以为产品以后的迭代版本服务，避免一些现版本测试"踩过的坑"。比如，这次版本测试中的缺陷类型多源于兼容性问题，那就应该将测试报告中的数据提交给开发人员，让他们总结该类问题，减少以后版本中的兼容性问题。

在完成测试报告后，整个测试流程就基本完成了，通过报告中各门类信息的直观展示可以对项目或产品的测试情况作深入了解，这有助于对整个测试过程进行总结评审。通过总结评审，可以发现测试方案的测试策略待改进的地方、测试用例是否完善、测试缺陷优化、测试过程可优化点等。可以对常见的、有代表性的问题进行剖析总结，避免后续出现类似问题，为下一阶段的测试工作做好准备。

三、软件测试团队管理

（一）软件测试团队的任务

人是整个软件研发和测试过程中最重要的组成部分，测试过程中的任何测试活动最终都需要测试人员的参与，测试人员的素质对软件质量的影响很大，所以要充分关注测试人员的技能和提高测试人员的素质。没有良好的测试团队，将无法取得测试工作的高效率和高质量。因此，测试团队管理至关重要。软件测试团队最基本的测试任务包括建立测试计划、设计测试用例、搭建测试环境、执行测试、报告测试结果、评估测试效果。此外，测试团队还要完成一些其他的任务，包括阅读和审查软件功能说明书、设计文档、源代码，并与开发人员和项目经理进行充分交流，以尽快解决测试过程中发现的系统问题。

（二）软件测试团队的构成

1. 测试团队的构成原则

确定测试项目组的规模：按照工作负荷所需人数的最低值而不是最高值来配备测试人员。

技能界定：测试项目组成人员的技能分为以下4种。

①具有普通专业技能，如阅读、书写、计算能力（度量尺度的应用数学和统计学的基本知识）等。

②具有专业技能。错误通常依赖于技术或受其影响，应了解系统构成。掌握编程语言、系统架构、系统的特性、网络、数据库的功能和操作等知识。

③熟悉应用领域。错误通常由系统的应用领域引起，即能够预测正确的结果是怎样时，测试人员就应了解系统要解决的业务、技术或科学问题。

④具有测试专业技能。若从技能角度的测试力度去组织，应明确从该角度所反映的问题。

教育和培训：组建测试小组，其成员的技能所具有的价值难以估量，特别是在建立一个由大量的并且没有测试经验的测试技术人员组成的测试组织时，情况就更为明显。通过培训课程和技术讲座形式，对测试人员进行技术认证和技术培训。

岗位、经验和目标：对复杂的测试工作，应由测试工程师构成，他们负责编写测试用例，建立、定制和使用先进的测试工具，并具有独立的测试技能，能够制订测试计划、编写错误报告和进行问题隔离。对测试中简单的各项人工操作，则需要组织初级测试技术人员来担任。

2. 测试团队的构成方案

按照对测试人员的素质要求和每个人在测试项目中担当的角色进行区分，测试项目体制构成有3种方案：垂直体制方案、水平体制方案和混合体制方案。

（1）水平体制方案

按水平体制方案组织的团队，成员由各方面的专家能手组成，每个成员充当1~2个角色，这类项目组同时处理多项工作，每个成员都从事相关的内容。这类团队的特点是以项目经理为核心。项目经理的技术水平和管理水平较其他成员高，同时经验丰富，待人和气，善于处理各种突发事件，平时还充当组员之间的黏合剂和情绪调节的角色。在这种组织方式里，项目经理主要负责测试规划、协调和审查测试项目组的全部技术活动。测试人员虽各有分工，如测试分析、测试设计、测试执行等，但都是项目经理的助手。

（2）垂直体制方案

按垂直体制方案组织的团队，其特点是成员由多面手组成，每个成员都充当多重角色，其组织形式是建立软件测试的民主体制。这种组织结构是无核心的，每个人都充当测试的多面手。在测试执行的过程中，测试任务被分解后分配给了个人或小组，然后由他们从头至尾地进行测试计划、设计、实施。这一组织形式强调组内成员人人平等，组内问题均由集体讨论决定。

（3）混合体制方案

以混合方案组织的团队既包括多面手，又包括专家。一般进行团队组织方案选择时，着重考虑可供选择的人员的素质。如果大多数人员是多面手，则往往需要采用垂直方案。同样，如果大多数人员是专家则采用水平方案。如果引入了一些新人，则仍然需要优先考虑测试项目和组织。

四、软件测试需求管理

（一）软件测试需求管理的定义

软件测试需求是指根据程序文件和质量目标对软件测试活动所提的要求。软件测试需求是开发测试用例的依据，详细的测试需求还是衡量测试覆盖率的重要指标。

软件测试需求管理是指通过人为的和技术的手段、方法和流程，以保证和监督测试团队达到测试软件产品的目标；同时应对软件需求、软件测试需求及相关需求的问题，能有效地分析出测试的具体需求，并以此为软件测试设计提供尽可能准确的信息作为参考。软件测试需求管理是整个软件测试管理体系中重要的一环，一套软件测试需求管理应当是待测试软件产品需求的完整体现，每部分测试任务都是对总体需求一定比例的满足仅仅解决部分需求是没有意义的。

（二）软件测试需求管理分析

1. 分析目标

软件测试需求分析的目标是对软件测试要解决的问题进行详细的分析，弄清楚参与软件测试活动的干系人对软件测试活动和交付物的要求，其内容包括需要输入什么数据，要得到什么结果，最后应输出什么结果。

2. 分析方法

从软件需求推导软件测试需求是软件测试需求分析最通用的方法。相比于单纯依赖于测试设计人员的测试经验的方法，由此方法得出的测试需求、测试用例设计更充分，测试的目的性更强，软件需求测试覆盖度更高，不容易产生遗漏，具体步骤如下。

①根据软件开发需求说明书，逐条列出软件开发需求，并判断其可测试性。

②对每一条开发需求形成可测试的描述并界定出测试范围。

③根据质量标准，对每一条测试逐条制定质量需求，即测试通过标准。

④对确定的质量需求，分析测试执行时需要实施的测试类型。

⑤建立测试需求跟踪矩阵，并输入测试需求管理系统，达到对测试需求实施严格有效的管理。

3．分析过程

软件测试分析过程包括软件测试需求分析干系人分析、测试需求的收集与分析、测试需求的优先级排序和评审测试需求等。

4．分析结果和评审

测试工程师完成测试需求分析后，还要对其进行评审。评审的内容包括完整性检查和准确性检查。完整性评审应保证测试需求能充分覆盖软件需求的各种特征，重点关注功能需求、数据定义、接口定义、性能需求、安全性需求、可靠性需求、系统约束等方面，同时还应关注是否覆盖开发人员遗漏的、系统隐含的需求。准确性审查应保证描述的内容能够得到相关各方的一致理解，各项测试需求之间没有矛盾和冲突，且在详尽程度上保持致，每一项测试需求都可以作为测试用例设计的依据。

（三）软件测试需求管理的内容

1．变更管理

随着软件测试工作的展开，软件测试需求并不是一成不变的。软件需求的变化，软件测试干系人的期望值和人员、进度、预算变化，均有可能引发软件测试需求的改变。这就需要对软件测试需求实施变更管理。软件测试需求变更的主要任务包括如下内容。

①提出变更。

②分析变更的必要性和合理性，确定是否实施变更。

③记录变更信息，填写变更控制单，提交变更申请。

④做出更改，并提交上级审批。

⑤修改相应的软件测试工作，如更新测试用例等，确定新的版本。

⑥评审后，正式发布新版本的软件测试需求说明书。

2．状态管理

测试需求状态是指软件测试需求的一种状态变换过程。在不同风格的软件测试管理方法或工具中，定义的软件测试需求状态也不尽相同。

3．文档版本管理

软件测试需求文档的版本管理是软件测试需求管理的基础，基于此可以使得同一软件测试需求文档被测试团队中不同的人员编辑，并且记录下每次编辑的增量，必要情况下还可以回滚到某个版本。当下流行的文档版本管理的方式是通过代用具有安全授权机制的专业管理软件。

4. 跟踪管理

它是指跟踪一个软件测试需求使用期限的全过程。实施软件测试需求跟踪为开发人员提供了由软件测试需求到完成软件测试工作整个过程的明确查阅能力。软件测试需求跟踪的目的是建立与维护"软件测试需求——测试用例设计——设计用例实现——测试用例执行"间的一致性，确保所有的测试工作交付物符合软件测试工作的初衷。

五、软件测试缺陷管理

（一）软件缺陷管理的定义

世间万物都有着自己的生命历程，任何产品在生产过程中，从一开始创建，产品缺陷就会逐渐产生，并可能越来越多。若在产品生命周期过程中不建立缺陷检测制度，对已发现的缺陷不采取有效的控制措施，最终可能导致产品无法具有相应的使用功能。产品生命周期就会提前结束，产品的生产就是失败的。因此，必须建立一套完整的产品缺陷管理制度，针对具体的产品生产特征制定相应的缺陷检测、缺陷鉴定、缺陷处理、缺陷验收等系列技术措施，不断避免或纠正产品缺陷，始终使产品在其生命周期中处于可控状态。

（二）软件缺陷管理的方法

1. 缺陷的检测

由检测人员在软件产品的开发过程中，按照本行业的质量要求及检测手段随时对软件的全部或某项设计功能进行检查，如果不能达到设计要求（可能要求在某一范围内认为是合格的），则认定这一环节存在缺陷，缺陷生命周期开始。

2. 缺陷的鉴定

对部分产品的缺陷，由于检测人员还不能确定缺陷的全部相关信息，这时就应该组织缺陷的鉴定，通过采用专家评审、使用先进技术手段或设备等，得到缺陷的全部信息，为缺陷处理提供原始数据。

3. 缺陷的处理

生产人员从测试人员处得到缺陷信息后，就应根据缺陷所列内容结合产品的生产过程，检查缺陷可能出现在哪一个环节，应作如何改正，避免类似缺陷再度出现。已出现测试人提出的缺陷的产品可否采用一定的方法予以纠正，并落实这些处理措施到生产过程中。

4. 缺陷的验收

生产人员将测试人员发现的缺陷处理完毕后，又反馈信息给测试人员，报告缺陷的处理情况，并请缺陷复测。测试人员根据以前的缺陷记录信息，对该缺陷再进行一次测试，如果测试结果在设计偏差范围内，则可认为该缺陷处理完毕，同时删除本产品的此条缺陷记录，该项缺陷的生命周期到此结束。若测试结果仍不在设计偏差范围内，则将当前检测的信息形成新的缺陷记录提供给生产人员要求处理。

（三）缺陷管理的流程

软件测试管理流程的一个核心内容就是对软件缺陷生命周期进行管理。软件缺陷生命周期控制方法是在软件缺陷生命周期内设置几种状态，测试员、程序员以及管理者从每一个缺陷产生开始，通过对这几种状态的控制和转换，管理缺陷的整个生命历程，直至它走入终结状态。

每一个软件缺陷都规定了6个生命状态：公开、修改、验证、关闭、取消、延后。

公开：缺陷初试状态，测试员报告一个缺陷，缺陷生命周期开始。

修改：缺陷修改状态，程序员接收缺陷，正在修改中。

验证：缺陷验证状态，程序员修改完毕，等待测试员验证。

关闭：缺陷关闭状态，测试员确认缺陷被改正，将缺陷关闭。

取消：缺陷删除状态，测试员确认不是缺陷，将缺陷置为删除状态（不做物理删除）。

延后：缺陷延期状态，管理者确认缺陷需要延期修改或追踪，将缺陷置为延期状态。

上述公开、修改、验证，称为缺陷的活动态；取消、关闭、延后，称为缺陷的终结态。自测试员报告一个缺陷起，缺陷生命周期开始，即为公开。公开后，会有如下多个流程。

程序员接收公开的缺陷，修改中可将其置为修改，修改完毕可置为验证。测试员验证它的缺陷，确认修改结果正确，可将公开置为关闭。如果确认不是缺陷，可将公开置为取消；确认修改结果不正确，可以将修改重新置为公开，要求程序员重新修改。

当测试员发现自己误报或重报了缺陷，可直接将公开置为取消；当测试员发现一个缺陷由于其他缺陷的修改而随之消失，可直接将公开缺陷置为关闭。

管理者确认缺陷需延期修改或追踪，可将公开缺陷置为延后。在适当的时候，管理者可将延后改为公开，要求程序员修改。在复查缺陷处理结果时，发现关闭或取消的处理有误，测试员可以将关闭或取消重新置为公开，要求程序员重新修改。

缺陷生命周期控制方法是测试员、程序员以及管理者一起参与、协同测试的过程。缺陷状态不仅表示出缺陷被修改、终结的进程，同时还标明了测试员、程序员以及管理者的职责。这种方法分工明确，责任到人，它使每一个管理者、测试员和程序员都明确：尽快终结缺陷，是他们共同奋斗的目标，而拖延时间，滞留缺陷是他们都不希望看到的，团队精神将他们紧紧地结合在一起，使他们能够相互促进、相互制约、团结协作。因此，缺陷一旦发生，便进入测试员、程序员以及管理者的严密监控之中，直至终结。这样能保证在较短的时间内高效率地终结所有的缺陷，缩短软件测试的进程，提高软件质量，减少开发和维护成本。

第七章 软件质量保证

随着计算机应用越来越广泛，软件系统渗透到了人类社会的各个角落，成为国民经济、国防和社会日常生活中不可缺少的重要组成部分，软件的作用和地位越发显得重要。因此，软件的质量问题日益成为人们关注的焦点。另一方面，面对不断变化和激烈竞争的市场，产品质量已成为产品开发公司或企业得以保持其长期优势的关键。本章主要对软件质量的相关概念以及软件质量保证的相关内容进行论述。

第一节 软件质量概述

一、软件质量定义

为了提高综合客户满意度以及对不同质量特性的满意度，必须考虑在计划和设计产品时的不同质量特性。然而，这些质量特性并不总是相互一致的。

考虑在计划和设计产品时的不同质量特性，就是为了提高综合客户满意度以及对不同质量特性的满意度。可是，这些特性有时并不相互一致。

例如，软件的可维护性和软件的功能复杂度成反比。不同的质量特性根据不同的软件和客户需要不同的加权因子。易于使用、可安装性以及说明文档，对于使用单系统和简单操作的客户也许是最重要的因素；而性能和可靠性对于复杂网络和实时处理的大型用户来说就成为最重要的因素。

软件质量的另一个观点是过程质量与终端产品质量。从客户的需求到产品的发布，开发过程是很复杂的，通常涉及很多阶段，每个阶段都有反馈途径。每一个阶段都为中间客户产生中间产品。每一个阶段也从前一个阶段接收一个中间产品。每一个中间产品都有一定的质量特性，并影响着终端产品的质量。

关于软件质量有许多好的定义。通过审视每个定义，我们可以正确评价什么是软件质量。从一个较为抽象的定义逐渐转向更具体的定义有助于对这个问题的理解。

1984年哈佛大学的D.A.Garrin（D.A.加林）从以下几个方面提出了有关软件质量的一些基本概念。

①软件的质量高主要指的是软件产品的功能强大。软件质量可以识别，但是只能依靠

经验来进行评估，而不能精确地定义和度量（从抽象的角度）。

②不同的软件质量从一个侧面反映出了软件产品现有的可度量的诸多性质的不同，软件质量是可以精确度量的（从与生产有关的角度）。

③高质量的产品是能够满足不同用户需求的软件产品，也就是说软件质量取决于用户的认同程度（从软件质量与用户有关的观点）。

④软件产品在第一次交付的时候就能够合格是最理想的情况，但是这样必须考虑到当前的技术现状和软件工业的条件，最为关键的问题就是生产过程，为了减少失败和降低成本，就必须对软件生产过程进行检验。也就是说，软件质量与严格地执行规范有关（从软件质量与生产过程的角度）。

⑤高质量的软件产品是指在可以接受的成本下设计的专用软件，或者是在可以接受的成本下的符合规范的软件（从与成本有关的角度探讨软件质量与成本的关系）除了上述所讲的有关软件质量的基本概念之外，相当多的国际标准和国家标准都先后提出了以下有关软件质量的定义。

①（表征）计算机系统卓越程度的所有属性的集合。

②软件产品满足明示需求程度的一组属性的集合。

ANSI（美国国家标准学会）的标准 ANSI/ASQC A3/1978 将软件质量定义为：软件质量是软件产品服务的特性和特征的整体，它主要取决于满足给定需求的能力。

IEEE 在 ANSI 的软件标准上，考虑到满足用户的需求，对有关的软件质量标准进行了修改。在 IEEE 729-1983 中将软件质量定义如下。

①软件产品满足给定需求的特性及特征的总体的能力。

②系统、部件或者过程满足规定需求的程度。

③软件拥有所期望的各种属性组合的程度。

④系统、部件或者过程满足顾客或者用户需求或者期望的程度。

⑤顾客或者用户认为软件满足综合期望的程度。

⑥软件组合特性在使用中，将满足用户预期需求的程度。

总的来说，软件质量就是"软件与明确地和隐含地定义的需求相一致的程度"。更加具体地说，软件质量是软件符合明确地叙述的功能和性能需求、文档中明确描述的开发标准以及所有专业开发的软件都应该具有的隐含特征的程度。

二、软件质量评价

就一般意义而言，"质量"一词在美国 Heritage（遗产）词典中定义为"事物的一个特性或属性"。作为一个物品的属性，质量涉及一些可测量的特性，即在某些方面能够与已知标准进行比较的属性。例如长度颜色、电特性、延展性等。但是，软件作为一种智力产品和逻辑系统，对其属性的刻画要困难得多。

程序有一些性质是可以测量的。这些性质包括诸如回路复杂性、内聚性功能点数、代码行数等以及众多的其他性质。当我们基于可测量特性检查一个事物时，会遇到以下两种质量问题。

①设计质量。设计质量涉及设计者所指明的产品特性。材料、公差和性能规范的级别都与设计质量有关。如果产品根据指明的规范制造，比如高级别的材料、紧密公差和高性能规范被指明时，它的设计质量就得以提高。

②一致性质量。一致性质量是指设计规范在以后的生产制造过程中被遵守的程度。一致性程度越高，一致性质量就越高。在软件开发中设计质量包括需求分析规范说明和系统设计。一致性质量主要集中在实现上。如果实现遵从设计，并且结果系统满足它的需求和性能目标，就可以获得较高的一致性质量。

三、软件质量管理标准

近几十年来国际、国内各标准化组织在软件质量管理方面做了大量工作，制定了大量与软件质量有关的标准。这些标准如下所示。

ISO 8402：1994 质量管理和质量保证——术语。

ISO 9000.1：1993 质量管理和质量保证标准（第一部分）——选择和使用指南。

ISO 9000.2：1993 质量管理和质量保证标准（第二部分）——ISO 9001、ISO 9002 和 ISO 9003 的实施通用指南。

ISO 9000-3—1997 质量管理和质量保证标准（第三部分）：ISO 9001—1994 计算机软件的开发、供给、安装和维护应用指南。

ISO 9001：1994 质量体系——设计、开发、生产安装和服务的质量保证模式。

ISO 9002：1994 质量体系——生产、安装和服务的质量保证模式。

ISO 9003：1994 质量体系——最终检验和试验的质量保证模式。

ISO 9004.1 质量管理和质量体系要素——第一部分：指南，该标准是通用性指南。

ISO 9004.2 质量管理和质量体系要素——第二部分：服务指南，该标准是针对服务业质量管理的。

ISO 9004.4 质量管理和质量体系要素——第四部分：质量改进指南。

ISO 10005 质量计划指南。

ISO 10011.1 质量体系审核指南（第一部分）——审核。

ISO 10011.3 质量体系审核指南（第三部分）——审核工作管理。

ISO 10013 质量手册编制指南。

ISO/IEC TR 9294—1990 信息技术．软件管理导则。

ISO/IEC 9126：1991 信息技术—软件产品评价—质量特征及其使用指南。

ISO/IEC 12207：1995 信息技术—软件生存期过程。

ISO/IEC TR15504：1997 软件过程改进与能力测定。

ISO/IEC 14598-3—2000 软件工程／产品评价／第三部分：开发者开发过程。

IEC 61713—2000 软件整个使用期的使用可靠性／应用指南。

IEC 61014—1989 可靠性增长程序。

IEC 60880—22000 核电站安全系统用计算机软件／第二部分：使用软件工具和预先开发的软件对由常规失误导致的安全防护的软件情况。

IEC 60300-3-6—1997 可靠性管理／第三部分：应用指南／第六节：软件样品的可靠性。

IEEE 982.2—1988 可靠软件开发方法的 IEEE 标准词典使用指南。

IEEE 982.1—1988 可靠软件开发方法的标准字典。

IEEE 830—1998 软件要求规范的规程。

IEEE 829—1998 软件测试文件编制。

IEEE 828—1998 软件配置管理方案。

IEEE 730.1—1995 软件保证设计导则。

IEEE 730—1998 软件质量保证计划。

IEEE 1298—1992 软件质量管理系统／第一部分：要求。

IEEE 1228—1994 计算机软件安全方案。

IEEE 1219—1998 软件维护。

IEEE 1074—1997 开发软件寿命周期的处理。

IEEE Std 1061：1992 IEEE 软件质量度量方法学标准。

IEEE 1063—1987 软件用户文件编制。

IEEE 1062—1998 软件获得规程。

IEEE 1028—1997 软件的复审。

IEEE 1016—1998 软件设计描述的推荐规程。

IEEE 1012a—1998 软件鉴定和认证用 IEEE 标准的补充：IEEE/EIA 12207.1—1997 的内容映射。

IEEE 1012—1998 软件鉴定和认证。

IEEE 1008—1987 软件单元测试。

IEEE 610.12—1990 软件工程术语集。

IEEE 1002—1987 软件工程标准分类学。

GB/T 9386—1988 计算机软件测试文件编制规范。

GB/T 9385—1988 计算机软件需求说明编制指南。

GB/T 8567—1988 计算机软件产品开发文件编制指南。

GB/T 8566—1995 信息技术软件生存期过程。

GB/T 19000.3—2001 质量管理和质量保证标准／第三部分：GB/T 19001 在计算机软件开发供应、安装和维护中的使用指南。

GB/T 18221—2000 信息技术程序设计语言环境与系统软件接口独立于语言的数据类型。

GB/T 17544—1998 信息技术软件包质量要求和测试。

GB/T 16704—1996 计算机软件著作权登记文件格式。

GB/T 16680—1996 软件文档管理指南。

GB/T 16260—1996 信息技术软件产品评价质量特性及其使用指南。

GB/T 15853—1995 软件支持环境。

GB/T 15538—1995 软件工程标准分类法。

GB/T 15532—1995 计算机软件单元测试。

GB/T 14394—1993 计算机软件可靠性和可维护性。

GB/T 14079—1993 软件维护指南。

GB/T 13702—1992 计算机软件分类与代码。

GB/T 13423—1992 工业控制用软件评定准则。

GB/T 12505—1990 计算机软件配置管理计划规范。

GB/T 12504—1990 计算机软件质量保证计划规范。

GB/T 11457—1995 软件工程术语。

1991年，ISO颁布了ISO 9126-1991标准《软件产品评价——质量特性及其使用指南》。ISO 9126模型如图7-1所示。ISO 9126模型定义了6个影响软件质量的质量特性，而每个质量特性又可通过若干子特性来测量，每个子特性在评价时要进行定义并实施若干度量。ISO9126质量模型使得软件最大限度地满足用户明确的和潜在的需求，且从用户、开发人员、管理者等各类人员的角度全方位地考虑软件质量。

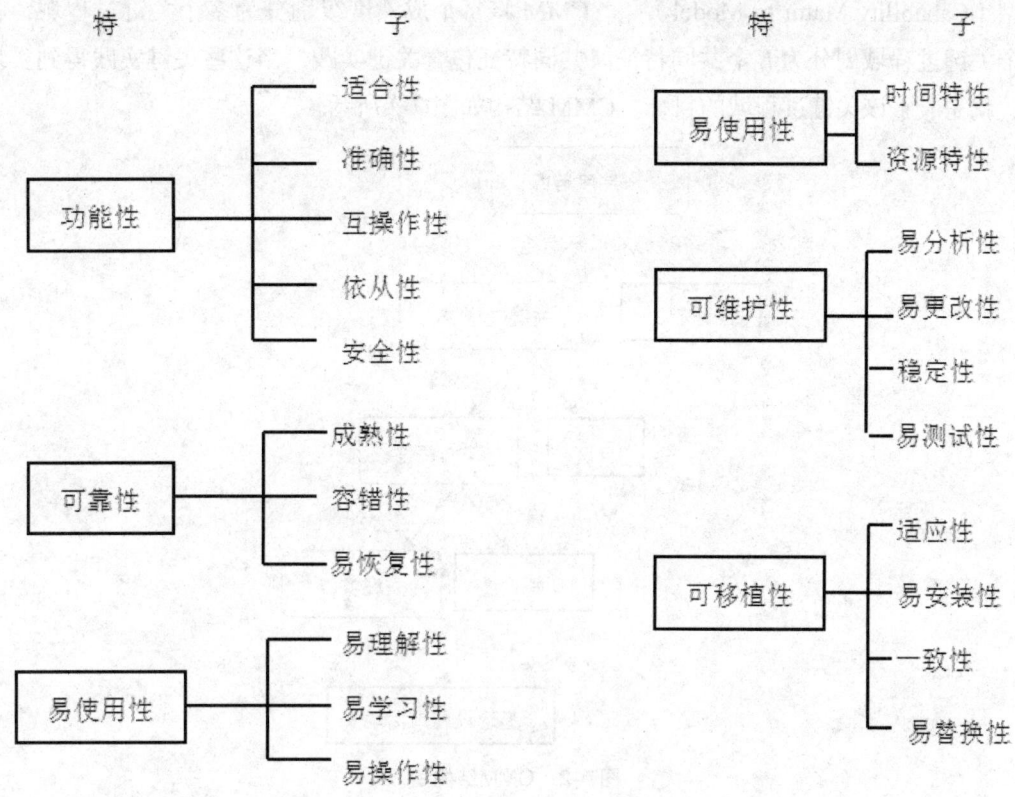

图7-1 ISO9126模型

ISO9126 质量模型主要从三个层次来分析，即内部质量、外部质量和使用质量，这三者之间都是互相影响、互相依赖的。其中内部质量和外部质量的六个特征，还可以再继续分成更多的子特征。这些子特征在软件作为计算机系统的一部分时会明显地表现出来，并且会成为内在的软件属性的结果。另一方面的使用质量主要有四点：有效性、生产率、安全性、满意度。这个模型中第一层（质量特性）和第二层（准则）关系非常清楚，没有交叉关系。

下面是内部质量和外部质量给出的软件的六个质量特征。

功能性（Functionality）：软件是否满足了客户功能要求。

可靠性（Reliability）：软件是否能够一直在一个稳定的状态下满足可用性。

易使用性（Usability）：衡量用户能够使用软件需要多大的努力。

效率（Efficiency）：衡量软件正常运行需要耗费多少物理资源。

可维护性（Maintainability）：衡量对已经完成的软件进行调整需要多大的努力。

可移植性（Portability）：衡量软件是否能够方便地部署到不同的运行环境中。

我国也于 1996 年颁布了同样的软件产品质量评价标准 GBT 16260-1996，该标准经过 2006，2016 两次修订，现行标准为系统与软件工程 系统与软件质量要求和评价（SQuaRE）第 10 部分：系统与软件质量模型（GB/T 25000.10-2016）。

CMM 1987 美国卡内基-梅隆大学软件工程研究所 SEI 提出的"软件过程能力成熟度

模型（Capability Maturity Model）"。CMM将每个成熟度级别分为多个关键过程域，将每个关键过程域划分为五个共同特征。共同特征包含关键实践，当这些关键实践得到实现时，就完成了该关键过程域的目标。CMM结构如图7-2所示。

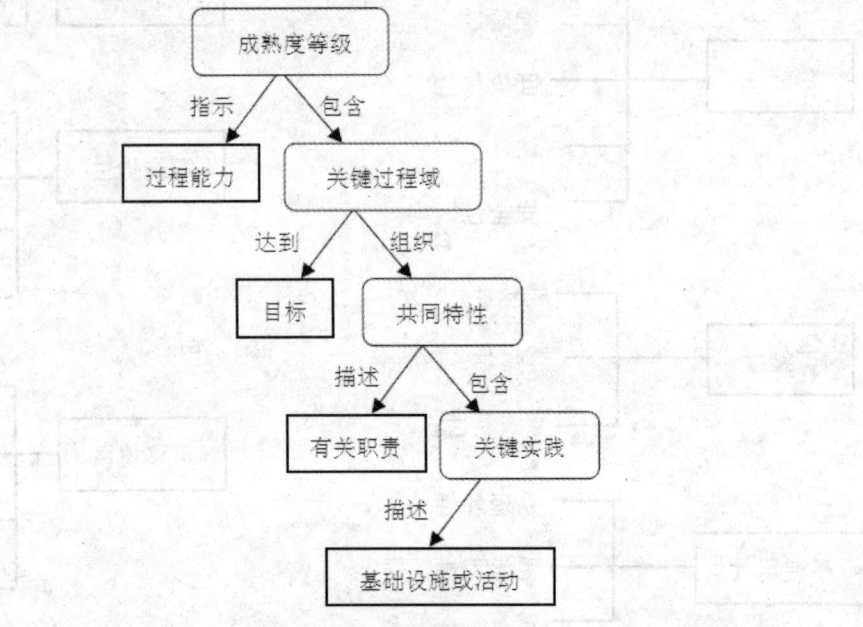

图7-2　CMM结构图

作为一种模型，CMM实际上是对软件机构工程过程的理论和数据的模拟，在对它的应用中，主要包括软件产品供应方和应用方两大类。

如有可能，企业在咨询机构或咨询师的协助下可以加快CMM体系引入的过程，但企业必须同时着力于培训自身理解工程过程的人才。较好的方法是在开发组织内部分项目形成CMM研讨小组，以促进开发组及开发人员之间的经验交流。显而易见，实施CMM的成效应根据机构自身特有的实际情况作判断，正确的实施应该从质和量两方面对过程的各环节发生作用。CMM体系在中小企业的应用中并未要求逐字照章对应每一项核心过程域和核心实践来进行，机构可以用裁减的办法对其应用程度作修正，也可选用阐述的办法将某项具体的实施工作等同为特定的核心实施。根据SEI的研究数据，绝大多数软件项目的成功都遵循了下述的工程原则。

①将软件生命周期划分为若干阶段并进行严格的计划，包括项目计划、里程碑计划、质量检测计划、维护计划等。

②在开发过程中，分阶段进行复审和评估，以便尽早发现错误所在。

③项目组成员应注重包括技术和流程在内的培训，提高人员素质。

④软件过程的改进应是持续性的、不断调整的进程。

⑤尽可能采用度量数据来描述过程中的每一环节，从而提高可预测性和可控制性。

⑥对以往所有开发工作必须进行文档编写工作，积累经验以用于未来的开发之中。

⑦如果项目允许，尽可能采纳较为先进的技术与工具。

四、软件质量控制

软件质量控制是指软件开发周期内所进行的一系列审查、评价、测量等活动，其目的是使每个过程产品能够满足所提出的要求。软件质量控制包括对产品创造过程的反馈循环。当产品不满足它们的规范说明时，测量和反馈的结合使得我们能调整产品的创造过程。

软件质量控制活动的形式大致可以分为自动手工、自动工具与人工交互相结合三种。关于质量控制的一个关键概念是所有的过程产品具有可定义的、可测量的规范说明。根据这个规范说明，可以通过比较、计算等方法产生每个过程产品的有关质量控制的输出信息，并将输出信息反馈给有关的过程。这种反馈循环对于缺陷的最小化来说是基本的保证。

（一）软件质量控制的内容

在一个特定的软件开发项目中，软件质量控制计划与控制软件质量为开发团队提供具体组织和实施方面的指导。软件质量控制包括如下 3 个方面的内容。

1. 产品

应明确指出的是，在质量控制中，一个过程的输出产品不会比输入产品质量更高。如果输入产品有缺陷，那么这些缺陷不仅不会在后续产品中自动消失，甚至它对后续阶段产品的影响将成倍放大。当发现产品的质量与预想的有很大差别时，要反馈到前面的过程并采取纠正措施。这是产品的一个重要特性，也是软件质量控制的关键要素之一。

2. 过程

过程可以分为技术过程与管理过程。在质量控制中，技术过程是进行质量设计并将质量构造入产品，而管理过程则是对质量进行检查。因此，不管是管理过程还是技术过程，都对软件质量有着直接而重要的影响。

过程对质量的影响，通常包括以下几类。

①通过开发过程设计并进入产品化的同时也会引入缺陷。

②在产品中已经获得的质量，是通过检查与测试过程来验证和确认的。

③一个过程所涉及的组织或者部门的数目以及它们之间的关系，将影响引入差错的概率，也影响发现并纠正差错的概率。组织或者部门的数目越多，技术接口、沟通就会越复杂，更容易产生不一致及差错，不同组织或者部门所具有的独立性及权力也不一样，导致在开发过程中贯彻标准的力度不同。

3. 资源

资源指为了得到要求质量的软件产品过程中所使用的时间、资金、人和设备。资源的数量和质量通常以下列方式影响软件产品及其质量。

①人力资源是整个软件开发生命周期中对软件质量及生产效率最重要的影响因素。软件是人脑智慧型产品，因此，人是决定的因素。还要注意到软件开发人员的知识、能力、

经验和判断相差很大。

②时间在一般情况下都是不够充分的,特别是软件需求分析和集成测试阶段表现得较为明显。

③软件开发环境和测试设备的不足可能会提高差错发生率,同时发现并纠正差错所需要的时间也将增加。例如,编译环境不稳定,人们很难在这种情况下集中力量开发和软件测试,由此导致开发时间与成本的增加和质量的降低,这是经常发生的。

(二)软件开发项目的质量控制

J.M.Juran(J.M.朱兰)认为质量控制是一个常规的过程,通过它度量实际的质量性能并与标准比较,当出现差异时采取行动。由此,Donald Reifer(雷夫)给出软件质量控制的定义:软件质量控制是一系列验证活动,在软件开发过程中任何一个节点进行评估开发的产品是否在技术上符合该阶段制订的规约。

五、软件质量保障

软件质量保障(SQA)是应用于整个软件过程的保护活动。SQA主要包括以下几方面。

①质量管理方法。

②有效的软件工程技术(方法和工具)。

③应用于整个软件过程的形式化技术评论。

④多等级测试策略。

⑤软件文档以及对软件进行改变和维护的控制和约束。

⑥确保遵照软件开发标准的过程。

⑦测量和报告机制。

软件质量保障包括管理的审核和报告功能。软件质量保障的目的是以有关产品质量的基本数据为依据进行质量管理,从而保证产品质量不断朝着其质量目标迈进。软件质量保障活动提供大量有关质量的基本数据。不过,根据这些数据所指出的质量问题必须通过质量管理来解决。

六、软件质量代价

软件质量代价是指为提高产品质量或实现质量目标而进行的一系列活动所需花费的总和。软件质量代价为研究质量与花费之间的关系提供了基准,为质量的花费提供了可以比较的标准。这个标准一般都以美元为单位。一旦有了软件质量代价的标准,就有了确定何时何处可能进行软件开发中过程改进的依据。

质量代价可以分为预防性代价、评价性代价和故障性代价。

预防性代价主要包括以下几方面。

①质量计划。
②形式技术评论。
③测试设备。
④培训。

评价性代价指每个过程产品首次得到确认而必须进行的一系列检查测试等活动所需的花费。评价性代价包括以下几方面。

①过程内和过程间检查。
②设备标度和管理。
③测试。

故障性代价是在产品销售给客户前后，发现产品缺陷并予以纠正所付出的代价。故障性代价可以分为内部缺陷代价和外部缺陷代价。

内部缺陷代价是在产品投放前发现产品的缺陷并予以纠正所付出的代价，它包括以下几方面：第一，返工；第二，修理；第三，故障模型分析。

外部缺陷代价是在产品投放市场后发现产品缺陷并予以纠正所付出的代价，它包括以下几点。

①对产品故障的处理。
②产品返回和更换。
③在线帮助支持。
④担保工作。

从预防到发现、从内部到外部，找出和修正一个缺陷的相应花费急剧上升。一般情况下，在软件的整个开发过程中变化和修正是随时发生的。对于某个变化或修正如果在需求定义时就予以及时地实现所付出的代价为1，那么推迟到开发阶段进行所付出的代价是1.5~6；而在产品投放市场后的代价会骤增到60~100。根据Kaplan（卡普兰）等提供的数据报道，针对IBM公司的Rochester（罗切斯特）开发程序，检查2000000行代码，花费了7053小时。这些代码有潜藏的缺陷3112个。假设程序员每小时的代价为40美元，则预防3112个缺陷总共需要282120美元，即每个缺陷约需90.66美元。

假设出厂时每1000行代码中只隐藏一个缺陷（优于工业平均水平），这就意味着仍有200个缺陷。每定位一个缺陷估计需要25000美元，大约总共需要500万美元，是开发中排除错误花费的18倍。这个例子也说明了软件开发中"推迟实现"观点的正确性。

第二节　软件质量的理论

一、过程的认识

保证软件的质量，是软件行业的基本原则。对软件质量的分析研究，将会一直存在。

我们都知道一个项目的主要内容是：成本、进度、质量。良好的项目管理就是综合三方面的因素，平衡三方面的目标，最终依照目标完成任务。项目的这三个方面是相互制约和影响的，有时对这三方面的平衡策略甚至成为一个企业级的要求，决定了企业的行为。我们知道IBM的软件是以质量为最重要目标的，而微软的"足够好的软件"策略更是耳熟能详，这些质量目标其实立足于企业的战略目标。所以用于进行质量保证的SQA工作也应当立足于企业的战略目标，从这个角度思考SQA，形成对SQA的理论认识。

软件界已经达成共识：影响软件项目进度、成本、质量的因素主要是"人、过程、技术"。首先，要明确的是这三个因素中，人是第一位的。

现在许多实施CMM的人员沉溺于CMM的理论，过于强调"过程"，这是很危险的倾向。这个思想倾向在国外受到了猛烈抨击，从某种意义上说，各种敏捷过程方法的提出就是对强调过程的一种反思。"极限编程（XP）"中的一个思想"人比过程更重要"是值得我们思考的。笔者个人的意见在进行过程改进中坚持"以人为本"，强调过程与人的和谐。

根据现代软件工程对众多失败项目的调查，发现管理是项目失败的主要原因。这个事实的重要性在于说明了"要保证项目不失败，我们应当更加关注管理"，注意这个事实没有说明另外一个问题——"良好的管理可以保证项目的成功"。现在很多人基于一种粗糙的逻辑，从一个事实反推到的这个结论，在逻辑上是错误的，这种错误形成了更加错误的做法，这点在SQA的理解上体现较深。

如果我们考证一下历史的沿革，应当更加容易理解CMM的本质。CMM首先是作为一个"评估标准"出现的，主要评估的是美国国防部供应商保证质量的能力。CMM关注的软件生产有如下特点：质量重要、规模较大。

这是CMM产生的原因，它引入了"全面质量管理"的思想，尤其侧重了"全面质量管理"中的"过程方法"，并且引入了"统计过程控制"的方法。可以说这两个思想是CMM背后的基础。

二、生产线的隐喻

如果将一个软件生产类比于一个工厂的生产，那么生产线就是过程，产品按照生产线的规定过程进行生产。SQA的职责就是保证过程的执行，也就是保证生产线的正常执行。

抽象出的管理体系模型如图 7-3 所示。这个模型说明了一个过程体系至少应当包含"决策、执行、反馈"三个重要方面。

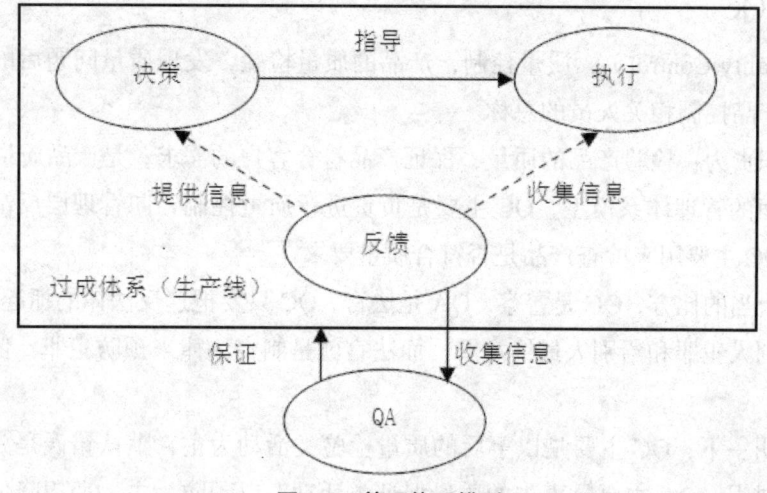

图7-3　管理体系模型

QA 的职责就是确保过程的有效执行，监督项目按照过程进行项目活动。它不负责监管产品的质量，不负责向管理层提供项目的情况，不负责代表管理层进行管理，只是代表管理层来保证过程的执行。

三、SQA 和其他工作的组合

在很多企业中，将 SQA 的工作和 QC（质量控制）、SEPG（软件开发组织中领导和协调过程改进活动小组的简称）、组织级的项目管理者的工作混合在一起了，有时甚至更加注重其他方面的工作而没有做好 SQA 的本职工作。

中国现在基本有以下三种 QA（按照工作重点不同来分）。

① 一种是过程改进型。
② 一种是配置管理型。
③ 一种是测试型。

四、QA 和 QC

（一）QA

QA（Quality Assurance），质量保证，通过建立和维持质量管理体系来确保产品质量没有问题。

其基本职责为：审计过程的质量，保证过程被正确执行，是过程质量审计者。

对照上面的管理体系模型，QA 是确保 QC 按照过程进行质量控制活动，按照过程将检查结果向管理层汇报。QA 只要检查项目按照过程进行了某项活动没有以及产出了某个产品没有。

(二) QC

QC（Quality Control），质量控制，产品的质量检验，发现质量问题后的分析、改善和不合格品产品控制相关人员的总称。

其基本职责为：检验产品的质量，保证产品符合客户的需求，是产品质量检查者。

对照上面的管理体系模型，QC 主要是负责进行质量控制，向管理层反馈质量信息。也就是说，QC 主要用来检查产品是否符合质量要求。

打个不恰当的比方，QC 是警察，QA 是法官，QC 只要把违反法律的抓起来就可以了，并不能防止别人犯罪和给别人最终定罪，而法官就是制定法律来预防犯罪，依据法律宣判处置结果。

总结说明一下，QC 主要是以事后的质量检验类活动为主，默认错误是允许的，期望发现并选出错误。QA 主要是事先的质量保证类活动，以预防为主，期望降低错误的发生概率。

注意区别检查和审计的不同。

①检查：就是我们常说的找茬，是挑毛病的。

②审计：来确认项目按照要求进行的证据。仔细看看 CMM 中各个 KPA（关键过程域）中 SQA 的检查，采用的术语大量用到了"证实"，审计的内容主要是过程的。对照 CMM 看一下项目经理和高级管理者的审查内容，他们更加关注具体内容。

如果企业原来具有 QC 人员并且 QA 人员配备不足，可以先确定由 QC 兼任 QA 工作。但是只能是暂时的，独立的 QA 人员应当具备，因为 QC 工作也是要遵循过程要求的，也是要被审计过程的，这种混合情况，难以保证 QC 工作的过程质量。

五、QA 和 SEPG

SEPG（Software Engineering Process Group）是软件开发组织中领导和协调过程改进活动小组的简称，其软件会议是软件管理比较重要的会议，与会者是全国该方面的精英人物及组织。

两者基本职责如下所示。

① SEPG：制订过程，实施过程改进。

② QA：确保过程被正确执行。

SEPG 应当提供过程上的指导，帮助项目组制定项目过程，帮助项目组进行策划，从而帮助项目组有效地工作，有效地执行过程。如果项目和 QA 对过程的理解产生争执，SEPG 作为最终仲裁者。为了进行有效的过程改进，SEPG 必须分析项目的数据。

QA 本身也要进行过程规范，那么所有 QA 中最有经验、最有能力的 QA 可以参加 SEPG，但是要注意这两者的区别。

如果企业的 SEPG 人员具有较为深厚的开发背景，可以兼任 SQA 工作，这样利于过程的不断改进。但是由于立法、执法集于一身，也容易造成 SQA 过于强势，影响项目的独立性。

管理过程比较成熟的企业，因为企业的文化和管理机制已经健全，SQA 职责范围的工作较少，往往只是针对具体项目制订明确重点的 SQA 计划，这样 SQA 的审计工作会大大减少，从而可以同时审计较多项目。

另一方面，由于分工的细致化，管理体系的复杂化，往往需要专职的 SEPG 人员，这些人员要求了解企业的所有管理过程和运作情况，在这个基础上才能统筹全局地进行过程改进，这时，了解全局的 SQA 人员就是专职 SEPG 的主要人选。这些 SQA 人员将逐渐地转化为 SEPG 人员，并且更加了解管理知识，而 SQA 工作渐渐成为他们的兼职工作。

这种情况在许多 CMM5 企业比较多见，往往有时看不见 SQA 人员在项目组出现或者很少出现，这种 SEPG 和 SQA 的融合特别有利于组织的过程改进工作。SEPG 确定过程改进内容，SQA 计划重点反映这些改进内容，从而保证有效的改进，特别有利于达到 CMM5 的要求。从这个角度看，国外的 SQA 人员为什么高薪就不难理解了，也决定了当前中国 SQA 人员比较被轻视的原因是因为管理过程还不完善，我们的 SQA 人员还没有产生这么大的价值。

六、QA 和组织级的监督管理

有的企业为了更好地监督管理项目，建立了一个角色，取名为"组织级的监督管理者"，他们的职责是对所有项目进行统一的跟踪、监督和管理，来保证管理层对所有项目的可视性、可管理性。

为了有效管理项目，"组织级的监督管理者"必须分析项目的数据。

对照图 7-3 的模型，他们的职责就是执行"反馈"职能。

QA 本身不进行反馈工作，最多对过程执行情况的信息进行反馈。

SQA 职责最好不要和"组织级的项目管理者"的职责混合在一起，否则容易出现 SQA 困境：一方面 SQA 不能准确定位自己的工作，另一方面过程执行者对 SQA 人员抱有较大戒心。

如果建立了较好的管理过程，那么就会增强项目的可视性，从而保证企业对所有项目的较好管理，而 QA 来确保这个管理过程的运行。

第三节　SQA 的工作内容与工作方法

一、SQA 的组成

软件质量保证由软件测试、质量控制与软件配置管理三部分组成，如图 7-4 所示。

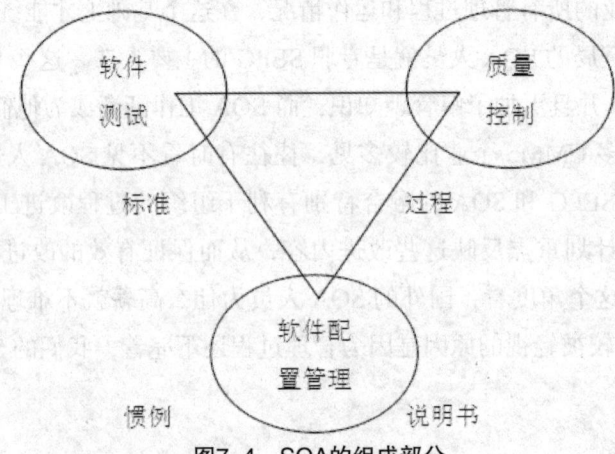

图7-4　SQA的组成部分

软件测试是一种流行的风险管理策略，对功能需求进行验证。软件测试的局限性：当测试发生的时候，"将质量建设到产品中"，即建造高质量的产品，已经为时已晚。测试只和"测试用例"一样好，在测试过程中并不能发现所有的缺陷。

质量控制被定义为：监控工作和观察需求是否达到的过程与方法。对于软件产品，质量控制通常包括以下几方面。

①需求复查。

②代码与文档检查。

检查交送用户的分阶段产品（Checks for user deliverables）。

软件配置管理指在软件开发过程中，管理项目团队所开发的计算机程序演变的技术。配置管理对产品进行标识、存储和控制，以确保软件开发产品的完整性和可追溯性。

二、SQA 的工作内容

软件质量保证（SQA）是一种应用于整个软件过程的活动，它包含以下几方面。

①一种质量管理方法。

②有效的软件工程技术（方法和工具）。

③在整个软件过程中采用的正式技术评审。

④一种多层次的测试策略。

⑤对软件文档及其修改的控制。
⑥保证软件遵从软件开发标准。
⑦度量和报告机制。

SQA 与两种不同的参与者相关——做技术工作的软件工程师和负责质量保证的计划、监督、记录、分析及报告工作的 SQA 小组。

软件工程师通过采用可靠的技术方法和措施，进行正式的技术评审，执行计划周密的软件测试来考虑质量问题，并完成软件质量保证和质量控制活动。

SQA 小组的职责是辅助软件工程小组得到高质量的最终产品，主要负责完成以下内容。

第一，为项目准备 SQA 计划。该计划在制订项目计划时确定，由所有感兴趣的相关部门评审。SQA 计划一般应该包含以下因素。

①需要进行的审计和评审。
②项目可采用的标准。
③错误报告和跟踪的规程。
④由 SQA 小组产生的文档。
⑤向软件项目组提供的反馈数量。

第二，参与开发项目的软件过程描述。评审过程描述以保证该过程与组织政策、内部软件标准、外界标准以及项目计划的其他部分相符。

第三，评审各项软件工程活动，对其是否符合定义好的软件过程进行核实、记录、跟踪与过程的偏差。

第四，审计指定的软件工作产品，对其是否符合事先定义好的需求进行核实，对其进行评审，识别、记录和跟踪出现的偏差；对是否已经改正进行核实，定期将工作结果向项目管理者报告。

第五，确保软件工作及产品中的偏差已记录在案，并根据预定的规程进行处理。
第六，记录所有不符合的部分并报告高级领导者。

三、SQA 的工作方法

（一）计划

SQA 工作的内容主要是针对具体的项目制订对应的计划，进行审计、问题跟踪等。

针对具体项目制订 SQA 计划，确保项目组正确执行过程。制订 SQA 计划应当注意如下几点。

①有重点：依据企业目标以及项目情况确定审计的重点。
②明确审计内容：明确审计哪些活动、哪些产品。
③明确审计方式：确定怎样进行审计。
④明确审计结果报告的规则：审计的结果报告给谁。

（二）审计/证实

依据 SQA 计划进行 SQA 审计工作，按照规则发布审计结果报告。

注意审计一定要有项目组人员陪同，不能搞突然袭击。双方要开诚布公，坦诚相对。

审计的内容：是否按照过程要求执行了相应活动，是否按照过程要求产生了相应产品。

（三）问题跟踪

对审计中发现的问题，要求项目组改进，并跟进直到问题解决。

第四节 SQA 的素质

①过程为中心：应当站在过程的角度来考虑问题，只要保证了过程，QA 就尽到了责任。
②服务精神：为项目组服务，帮助项目组确保正确执行过程。
③了解过程：深刻了解企业的工程，并具有一定的过程管理理论知识。
④了解开发：对开发工作的基本情况了解，能够理解项目的活动。
⑤沟通技巧：善于沟通，能够营造良好的气氛，避免审计活动成为一种找茬活动。

第五节 正式技术评审

一、目标

正式技术评审（FTR）是一种由软件工程师和其他人进行的软件质量保障活动。
①发现功能、逻辑或实现的错误。
②证实经过评审的软件的确满足需求。
③保证软件的表示符合预定义的标准。
④得到一种一致的方式开发的软件。
⑤使项目更易管理。

二、评审会议

3～5 人参加，不超过 2 小时，由评审主席、评审者和生产者参加，必须做出下列决定中的一个。
①工作产品可不可以不经修改而被接受。
②由于严重错误而否决工作产品。

③暂时接受工作产品。

三、评审总结报告

评审总结报告应该说明评审什么，由谁来评审，结论是什么等。

评审总结报告是项目历史记录的一部分，标识产品中存在问题的区域，作为行政条目检查表以指导生产者进行改正。

四、评审指导原则

①评审产品，而不是评审生产者。注意客气地指出错误，气氛轻松。
②不要离题，限制争论。有异议的问题不要争论，但要记录在案。
③对各个问题都发表见解。问题解决应该放到评审会议之后进行。
④为每个要评审的工作产品建立一个检查表。应为分析、设计、编码、测试文档都建立检查表。
⑤分配资源和时间。应该将评审作为软件工程任务加以调度。
⑥评审以前所做的评审。

第六节 质量保证与检验

一、质量保证

（一）质量保证的种类

1. 制度保证

项目质量管理是为了保证项目能够如期完成、项目资源得到合理分配、工作效率能够有效发挥，而对项目全过程进行的管理。制度保证措施如制定有效的项目质量保证方案，建立完善的软件开发项目质量保证的管理制度，并在软件开发过程中，加强对项目的变更管理，确保项目变更的有序进行。

2. 组织协调保证

项目组织关系的协调是指要从整个软件开发项目的质量、进度和成本三方面的目标为出发点，并高效地、顺利地完成工作，使整个项目的开发有序进行。有效地沟通是组织关系协调的关键所在。

3. 开发模式保证

项目经理和软件开发小组负责人按照项目实施方案与相关需求设计文档的规定进行项目的开发，并且需要公司领导和项目负责人对各项目小组进行协调。这样才能保证软件开发的顺利进行。

4. 项目文档保证

在软件开发项目质量管理中，整个项目的文档的编制、保存和维护是重要的活动，对项目质量保证的提高也是关键环节。做好了文档管理工作，可以使项目对部分技术人员的依靠性减轻，还可以降低人员流失对项目进度的影响，而且还能够增强公司各部门之间的相互配合，保证项目的顺利完成，最终达到质量要求的交付。

（二）实现质量保证的注意事项

要想实现质量保证，需要着重考虑以下几方面内容。

①要考虑 SQA 人员的素质。SQA 人员要有很强的沟通能力，和软件项目负责人以及项目组中的测试人员保持良好的沟通，才能深入了解项目，及时获得真实的项目情况。

② SQA 要熟悉软件测试过程。一个好的 SQA 应该在软件测试过程中作为测试人员参与过一个或多个环节，这样他们才能在过程监督中比较准确地抓住重点，同时，他们的意见和提出的解决办法也会更贴近项目组，容易被项目组接受。

③ SQA 本身要有很强的计划性。SQA 一方面要监督软件项目组编写计划，另一方面 SQA 自身的工作也要有计划，并且能够按照计划开展工作。

④组织应当建立文档化的标准和规程，使 SQA 人员在工作时有一个依据、判断的准则，如果没有这些标准和规程，SQA 人员就无法准确地判断软件开发及软件测试活动中的问题，容易引发不必要的争论。

⑤高级管理层必须重视软件质量保证活动。在一些组织的软件生产过程中，高级管理层不重视软件质量保证活动，对 SQA 人员发现的问题不及时处理。软件质量保证就流于形式，很难发挥它应有的作用。

⑥ SQA 人员在工作过程中一定要抓住问题的重点与本质，能够为项目组提供有效的建议和有价值的经验教训，不要陷入对细节的争论之中。及时纠正那些不符合标准和规程的疏漏或执行得不完全的步骤，以此来保证软件产品的质量。

（三）质量保证的主要任务

软件质量保证的主要任务：为了提高软件的质量和软件的生产率，软件质量保证的主要任务大致可归结为以下 8 点。

1. 用户要求定义

①熟练掌握正确定义用户要求的技术。

②熟练使用和指导他人使用定义软件需求的支持工具。

③重视领导全体开发人员收集和积累有关用户业务领域的各种业务的资料和技术技能。

2．力争不重复劳动

①考虑哪些已有软件可以复用。

②在开发过程中，随时考虑所生产软件的复用性。

3．掌握开发新软件的方法

在开发新软件的过程中大力使用和推行软件工程学中所介绍的开发方法和工具。

①使用先进的开发技术，如结构化技术、面向对象技术。

②使用数据库技术或网络化技术。

③应用开发工具或环境。

④改进开发过程。

4．组织外部力量协作的方法

改善对外部协作部门的开发管理。必须明确规定进度管理、质量管理、交接检查、维护体制等各方面的要求，建立跟踪检查的体制。

5．排除无效劳动

①最大的无效劳动就是因需求规格说明和设计有误而造成的返工。定量记录返工工作量，收集和分析返工劳动花费数据。

②较大的无效劳动是重复劳动，即相似的软件在几个地方同时开发。

③建立互相交流、信息往来通畅、具横向交流特征的信息流通网。

6．发挥每个开发者的能力

①软件生产是人的智能生产活动，它依赖于人的能力和开发组织团队的能力。

②开发者必须有学习各专业业务知识、生产技术和管埋技术的能动性。

③管理者或产品服务者要制订技术培训计划、技术水平标准以及适用于将来需要的中长期技术培训计划。

7．提高软件开发的工程能力

①要想生产出高质量的软件产品必须有高水平的软件工程能力。

②在软件开发环境或软件工具箱的支持下，运用先进的开发技术、工具和管理方法开发软件的能力。

8．提高计划和管理质量能力

①项目开发初期计划阶段的项目计划评价。

②计划执行过程中及计划完成报告的评价。

③将评价、评审工作在工程实施之前就列入整个开发工程的工程计划中。

④提高软件开发项目管理的精确度。

综上所述，过去软件市场只是一种技术交易，成功的关键取决于软件的功能；时至今日，彼此的竞争对手在软件的功能上可以很快地赶超对方，成功的一个有力保障就是软件质量保证。软件质量保证的重要性可以归结为以下几点。

①质量是生存的保障。

②质量是降低成本的基础。

③质量是竞争的先决条件。

④质量是与国际接轨的需要。

⑤质量是维护用户和增加利润的必要保障。

⑥质量是世界级企业的标志。

二、质量检验

（一）检验的目的

确保每个开发过程的质量，防止把软件差错传播到下一个过程，因此，检验的目的有以下2个。

①切实搞好开发阶段的管理，检查各开发阶段的质量保证。

②预先防止软件差错给用户造成损失。

（二）检验的类型

主要包括以下几方面。

①供货检验。供货检验是指对委托外单位承担开发的外包软件，或者是购买的，或别的单位转让的软件产品、规格说明、半成品或产品等的检查，以保证整个软件系统的质量。

②中间检验/阶段评审。目的是为了判断是否可进入下阶段，进行后续开发，避免将差错传播到后续工作中。

③验收检验。确认产品是否已达到可以进行产品检验的质量要求。

④产品检验。判定向用户提供的软件产品是否达到令人满意的程度。

第八章 软件保护

计算机软件是一种知识密集型的数字产品,软件的研发非常复杂,研制及维护周期很长,需要耗费大量的人力物力资源,是软件开发人员辛勤劳动的成果。但是,大量软件破解行为使得商业软件和共享软件作者的利益受到严重侵害,他们的生存和发展将会受到严重影响。因此,软件保护技术的研究与实现是目前软件产业发展的重中之重。本章对软件保护和软件保护中的计算机保护进行了阐述。

第一节 软件保护概述

一、软件的安全问题

软件安全(Software Security)所涉及的内容较多,问题较复杂,范围较广泛。从用户角度来说,希望软件拥有更高的可靠性,操作性强、功能多、保密性好、性价比高等特点;作为开发商,不但要考虑使用方面的安全问题,还要考虑到软件的防攻击、版权保护和系统安全。

从造成软件安全的原因来划分,可将软件安全分为三个方面的内容,如图 8-1 所示。是软件自身安全,也是质量安全,软件在开发过程中存在缺陷和漏洞而造成的安全问题。有些软件便于编程或扩展,专门设置"后门",还有一些专门热衷于寻找漏洞的"高手",这些漏洞给计算机软件的安全性带来了严重的威胁。二是意外安全,也属于不当使用安全,由于管理、人为操作不当,缺乏专业的软件防护技术,软件安全意识又不强而产生的违规操作、人为破坏、数据损坏等安全威胁。三是攻击安全,是由于蓄意攻击和破坏而产生的安全问题,是威胁最多、损失最大,也是目前安全领域最为棘手的问题。

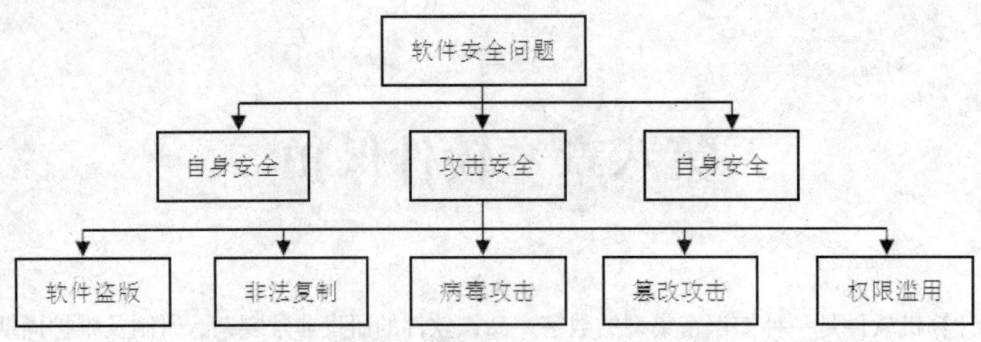

图8-1 软件面临的安全问题

软件正在遭受多方面的攻击：全球高居不下的软件盗版问题，使不法分子从中牟取暴利，损害开发商的利益。世界各国的政府、企业和学者对软件盗版问题特别关注和重视，并采取措施来遏制盗版行为，但从巨大的盗版市场看，保护技术仍然是杯水车薪。由于计算机软件的易复制性，给软件及代码复制创造了条件，软件及代码剽窃使产品开发和知识产权遭受到严重的威胁；计算机病毒是较为常见的安全问题之一，由于其具有触发性、潜伏性、感染性、破坏性和自我复制性，日益增多的病毒种类，更为隐蔽的传播手段和途径，给计算机软件和软件环境造成危害；由于攻击者有足够多的分析工具和跟踪工具，如调试工具、仿真工具、反编译器、静态和动态分析工具等对软件进行篡改，对机密数据、核心代码、版本标识等进行窃取或破坏；由于版权管理和访问控制中身份认证、版权识别和权限发放存在着安全漏洞，而使软件产生权限滥用、数据盗用等问题。综上所述，加强软件安全、保护软件势在必行。

从广义的角度来说，软件保护技术包括计算机软件和系统的安全。如何防止合法用户和其数据被恶意客户端程序所攻击、设计和管理计算机系统来实现一个严密的安全系统，是目前大多数关于计算机的安全研究的重点。例如可以限制在本地文件系统写文件操作。类似的技术还有监视客户端程序的软件故障隔离（Software Fault Isolation），这种技术能确保其不能够在它只能在赋予范围内进行写操作，此种技术在 NET 和 JAVA 中采用了。例如在 JAVA 安全模型中，不被信任的代码（例如 APPLET）将被禁止执行一些特定操作，即用户可以使用字节码校验来保证不被信任的客户端程序的类型安全。

从狭义的角度来说，软件保护技术就是在恶意环境下如何保护软件自身的数据和计算不受破坏和剽窃，软件能够在授权范围内正确的使用的相关技术。软件保护技术是一项综合的技术，目前一些供应商利用智能卡芯片本身具有很高的安全性，来误导软件开发商以为采用智能卡芯片的软件保护产品也一定具有同样的安全性，还有一些软件保护产品供应商在没有提供确切的数据和评测报告时，宣称自己的产品是不可破解的，往往是一种营销的策略。其实这些观点都是错误、片面的。软件保护产品不能够单一的由某个方面来以偏概全的断定其安全与否，它涉及从上层的应用软件、操作系统、驱动、硬件、网络等广泛的内容，所以是一个综合的技术范畴。

为了达到对软件的保护，仅靠立法或制订标准，其收效是有限的。除了加强软件开发设计质量、应用技术和人为意识方面的安全，更重要的是来取适当的技术，从技术角度进行防范。保护技术包括 DRM 中的访问控制、防篡改技术、加密技术、数字水印等。具体包括对网络环境软件的流通和使用保护，加强用户访问和认证的设计，既要满足应用环境需求，又要保证软件关键部分访问路径的安全性、版权检测与识别、用户角色认证等验证手段和程序的安全性和鲁棒性；通过加密技术，对软件中敏感信息、关键代码、嵌入的水印等进行保护，加强软件体系的安全性；软件水印和胎记特征主要是基于软件识别技术，虽然不像加密，具有直接的抗攻击作用但由于其不可感知性和隐蔽性较好，且能提供识别依据和法律证明，被广泛研究和应用于软件的认证、真伪鉴别、篡改提示和完整性检验等技术保护中。

二、基于介质的保护技术

基于介质的保护技术是一种防复制技术。其思想是让程序检测载体介质是否为原件。以载体介质软盘为例，则在发布软件时创建专用的特殊扇区，在执行程序时校验这些扇区。若软件被复制到一个新的软盘中，执行程序会探测到该软盘没有特殊的扇区，从而拒绝运行程序。当载体介质为 CD 时，可以采取类似的 CD 防复制技术，要求正版软件所在的 CD 必须在驱动器中才能使用。

以光盘检测为例，程序运行时，检测光盘中是否有特定文件，若不存在，则拒绝运行。在 Windows 环境中实现该功能包括调用以下 API，先用 GetlogicalDriveStrings（）或 GetLogicaldrivers（）得到系统中安装的所有驱动器的列表，然后用 GetDriverType（）检查每个驱动器，若是光驱，则用 CreateFileA（）或 FindFirstfileA（）检查特定的文件是否存在，并可能进一步检测文件的属性，大小和内容等。

三、基于硬件的保护方法

（一）加密狗

加密狗是一块可以连接到计算机的微型芯片，通常通过连接器与计算机连接，如 USB 接口。受保护的程序调用设备驱动程序检测计算机是否安装了加密狗，若安装了才运行。这种简单方法很容易破解，因为攻击者可以去除或者跳过检测代码从而能够在没有加密狗的情况下运行。一个改进的保护措施是加密狗被设计成拥有程序运行时必须的一些服务，如加密。软件供应商销售经过加密的程序二进制文件，解密密钥在加密狗里，不在安装光盘上。程序启动时，先运行加载器（loader）或者脱壳器（unpacker）。加载器和加密狗通信获得解密密钥，然后加载器使用该密钥解密程序，并运行。

通过在软件执行过程中和加密狗交换数据，加密狗实现了加密。加密狗具有分析、判断及主动的反解密能力，因为加密狗内置单片机电路（也称 CPU）"智能型"加密狗也由此得名加密狗硬件不能被复制，因为专用于加密的算法软件内置于加密狗，该软件被写入单片机后，就不能再被读出。并且加密算法是不可逆、不可预知的。

一个数字或字符通过加密算法可以变成一个整数，如DogConvert（A）=43565、DogConvert（1）=12345。我们通过下面的例子说明单片机算法的使用。如程序中有如下语句：A=Fx（3）。变量A的值需要通过常量3来得到。于是，原程序可以这样被改写：A=Fx（DogConvert（1）-12342）。DogConvert（1）-12342就取代了原程序中的常量3。只有软件编写者才知道实际调用的常量是3。要是没有加密狗，算式A=Fx（DogConvert（1）-12342）的结果也肯定不会正确，因为DogConvert函数就不能返回正确结果。这种加密方式使盗版用户得不到软件使用价值，相比一发现非法使用就警告、中止的加密方式，这种方式更温和、更隐蔽、更令解密者难以破解。

另外加密狗还有可以用作对加密狗内部的存储器的读写的读写函数。我们可以把上算式中的12342也写到加密狗的存储器中，这样A的值完全取决于DogRead（）和DogConvert（）函数的结果，令解密难上加难。由于解密者在触及加密狗的算法之前要面对许多难关，所以加密狗单片机的算法难度要低于一些公开的加密算法，如DES等。

（二）序列号加密

由于计算机软件是一种特殊的产品，为了保护软件开发商的利益，我们必须对软件进行加密保护，以此防止软件的非法复制、盗版。根据微机硬件参数给出该软件的序列号是采用基于硬盘号和CPU序列号的软件加密技术；软件提供商或开发商在接收到用户提供的序列号后，利用注册机（软件）产生该软件的注册号寄给用户即可。不同于以前的序列号的注册方法，它的注册信息与机器的硬件信息有关，进一步提高了软件的安全性。

1. 硬盘号和CPU序列号

硬盘的序列号分为逻辑序列号和物理序列号。物理序列号是在生产时由生产厂家的唯一存在的序列号。它是一个与操作系统无关的特性，不随硬盘的分区、格式化状态而改变，存在于硬盘的控制芯片内，像硬盘的扇区数、物理柱面数一样。用户主机的硬盘序列不能用常规办法修改，只能用硬盘控制器的IO指令读取。需要注意的是，将硬盘格式化成FAT或FAT32后，分区引导扇区自动生成的逻辑序列号和硬盘的序列号有着根本的区别，后者是物理存在的。新的逻辑序列号会在每次格式化磁盘时产生。然而在实际的软件保护中，用户主机识别可通过硬盘的物理序列号和逻辑序列号。

我们可以使用物理序列号作为用户主机唯一性标志的硬件，因为硬盘物理序列号的唯一性和只读性的特点。一般是在软件安装到硬盘时读取该序列号经过加密算法后生成的注册码保存起来（如写入注册表）。以后，安装到硬盘的软件可以比较安装时保存的注册码和当前的硬盘序列号，在不一致的情况下软件将不能运行，则说明该软件被非法拷贝到其他硬盘。逻辑序列号也时常被用来作为用户机器的标志来分配注册码。此时，我们使用的序列号，一般逻辑盘符C盘的逻辑序列号。因为C盘下一般安装着用户的操作系统，用户就不会经常格式化 C 盘而导致序列号发生改变。并且在读取逻辑序列号时，C 盘肯定是存在的，而其他的分区盘符不一定存在。

CPU 序列号可以用来识别每一个处理器，是一个建立在处理器内部的、唯一的、不能被修改的编号。它由 96 位数字组成，低 64 位每个处理器都不同，唯一地代表了该处理高 32 位是 CPU ID，用来识别 CPU 类型。Intel 为了适应这一新特征，在处理中增加了一个寄存器位（模式指定寄存器位：Model Specific Register-"MSR"）和两条指令（"读取"和 "禁止"）禁止指令可以禁止对处理器序列号的读取。MSR 位是为了配合 CPU 序列号的读取和禁止而设置。当 "MSR" 位为 "1" 时只能读取高 32 位（即 CPU ID），而低 64 位全为零；当 MSR 位为 "0" 时可以读取 CPU 序列号。读取指令扩展了 CPU ID 读取指令。96 位的处理器序列号可以通过执行读取指令得到。

2．程序实现

（1）加密方法

通过应用程序取得 CPU 号和机器硬盘号，然后通过机密程序形成一个注册序列号，软件注册者接收到用户发过来的注册序列号后，按照预定的算法生成注册码，然后将其发给用户，通过注册形成合法用户。软件每次启动时，都到注册表或注册文件的相应位置读取注册码，并与软件生产的注册码比较，一致则是合法用户，否则是非法用户。非法用户即使知道注册序列号与注册码也无法使用，因为注册码具有唯一性，它与用户计算机的硬盘号与 CPU 号相关联。

（2）实现过程

①读取 CPU 号

只能采用对硬盘控制器直接操作的方式进行读取硬盘的序列号，也就是说只能采用 CPU 的 I/O 指令操作硬盘控制器，采用在 DELPHI 嵌入汇编的方法读取 CPU 号。其读取方法如下。

MOV EAX.O1H

如果 EDX 中低 18 位为 1，说明此 CPU 是支持序列号的。就是序列号的高 32 位 EAX。对同一型号的 CPU，32 位是一样的。

再执行：MOV EAX.03H

此时序列号的第 64 位即 EDX.ECX。

②读取硬盘号

通过 CreateFile 函数读取硬盘号，CreateFile 可以打开物理设备和串口等，打开硬盘可以使用 CreateFile（'\\.\PHYSICALDRIVEI'，）其中的 I 为 0 ~ 255，代表需要读取的硬盘。命 令 为：hDevice：CreateFile（'\\.\PhysicalDrive0', GENERIC_READ OR GENERIC_WRITE, FILE_SHARE_READ OR FILE_SHARE_WRITE, NIL, OPEN_EXISTING, O, O）

对打开的设备进行通信可以使用 DeviceIOControl 函数，发送指定命令，物理序列号和模型号可根据返回的 PSENDCMDOUTPARAMS 结构得到,并将其格式化为一定的格式输出。

③对注册表的操作

利用 TRegistry 对象在 Delph 程序中来存取注册表文件中的信息。

创建和释放 TRegistry 对象。

创建对象和释放内存可通过 Create 和 Destroy 来实现。

取注册表中写人信息。

读取注册表数据时,可采用函数 ReadString、ReadInteger、ReadBinaryData 来读取字符串、数值、二进制值。

向注册表中写入信息。

信息通过 Write 系列方法转化为指定的类型,并写入注册表。

向注册表写人数据时,可采用 WriteString、WriteInteger、WriteBinaryData 等函数来写入、数值、二进制值。

(三) 加密CPU

CPU 的功能就是解释并执行计算机指令以及处理计算机中的数据,运行在计算机中的所有应用程序都是由 CPU 可以处理的机器指令构成,它是计算机的核心部分。通过 CPU 的私化来阻止一些常见的攻击可以提高计算机的安全性。CPU 私化是通过加密指令和数据,使其对外部以密文存在。所有加密均采用流加密,以保证安全性和效率。此外,防止恶意篡改的有效手段还包括对数据的认证,保护程序完整性。结合加密和认证的方式来实现 CPU 的私化提高计算机的安全性。

从计算机诞生那天起,占据着主导地位的是冯诺依曼体系结构,CPU 完成计算机指令和处理计算机数据,是冯诺依曼体系结构计算机的核心部分。长期以来,操作系统控制着整个计算机,阻击病毒入侵和恶意攻击,计算机的安全任务都交给了操作系统。然而这么多年过去了,病毒入侵和恶意攻击却从来没有停止过,而操作系统越来越大,安全策略也越来越复杂。

越来越多的计算机通过硬件,如对内存的控制、对总线的控制等,来实现计算机的安全。这些实现无非是通过硬件来提供更底层的保护,在那些操作系统不能控制的地方。对 CPU 的保护也许是对计算机保护的最后一道防线,因为 CPU 作为整个计算机的核心,实际控制着计算机的运行,这里通过 CPU 拒绝任何未授权的恶意程序,仅执行授权的可信任的应用程序,来达到 CPU 私化的目的。

1.CPU 私化的发展

嵌入式计算机伴随着计算机的发展已经进入到人们生活的各个方面。由于内存小,处理器能力低,这些嵌入式计算机往往无法安装安全复杂的操作系统。简单地运用可能对其安全性要求不高,但当被用于移动通信、金融事务、军事等领域时,就要求计算机的可靠性了。安全的计算机要保护计算机内数据的安全，不被窃取（如用户的资料，应用程序的知识产权等），要能防止对计算机的任何破坏，阻挡恶意攻击。

在具体实现时，CPU 的私化都是通过加密的方式来实现数据的保密性。因此单独依靠特定 ISA 不可以保障安全性，但处理器的安全性可以依靠加密来提升。在 CPU 与外部交换数据的通路上如 CPU 与高速缓存之间，缓存与存储控制器之间等设置加密解密模块。考虑到性能问题，CPU 的私化将采用后者来实现。

2．CPU 私化的理论基础

（1）流加密的原理

流加密（Stream Cipher）就是用算法和初始密钥一起产生一个随机码流，再和数据流异或（XOR）一起产生加密后的数据流的过程，是流加密体制模型。如图 8-3 所示加密时只要产生同样的随机码流就可以解密数据了。

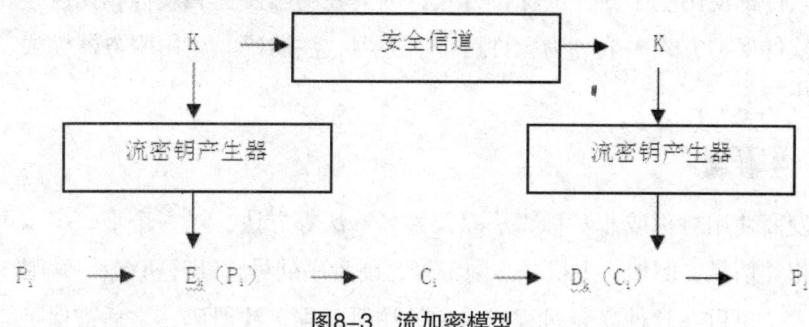

图8-3　流加密模型

数据流加密定义如下：设 Kcey 为加密的密钥空间，那么序列 k1，k2，… ∈ Key 被称为密钥流序列。密钥流既可以随机选择或由密钥流产生器生成。生成密钥流需要一个初始输入密钥 K，被称为种子（Seed）。密钥流产生器生成的都是伪随机序列，也就是说经过一个周期会出现重复生成。理论上讲，如果这个周期足够大，就是说一个周期的密钥流足够的长，当大于加密明文的长度时，可以认为是一次一密，一次一密理论上是不可破译的。所以，流密钥加密安全性高，实现简单，速度快，得到了广泛的应用，常用的流加密有 RC4A5 等。

（2）Hash 认证原理

对任意长度的数据分组，都能生成一个固定长度的消息摘要（message digest），这是 Hash 函数的基本思想。Hash 函数是单向的，在给定 Hash 值要找到对应的初始值计算不可行，任何对初始值的细微改动都将使 Hash 值发生很大的改变（雪崩性）。正是这些性质，使得它常被用来认证消息的真实性，因为它可以产生消息或其他数据块的"指纹"。SHA，MD5 等是 Hash 函数的常见应用算法，主要用于数据的完整性检查。

（3）CPU 私化的工作原理

当 CPU 要读取一个数据时，首先会以虚拟地址（Virtual Address）为索引从缓存（Cache）中查找，如果在缓存中找到（称为命中 Cache hit），就直接读取缓存并送给 CPU 核处理；

如果在 Cache 中没有找到该数据（称为未命中 Cache miss），则由通过存储管理单元（MMU）获得该虚拟地址对应的物理地址（Physical address），CPU 直接从该物理地址的物理内存中读取数据并缓存到 Cache 中，同时将要覆盖的缓存数据写回内存。

在总线加密中提到的一些规则沿用至今：SoC 是可信任的，加密单元和密钥保存在片上，而且所有的硬件加密单元位于缓存和存储控制器之间。文中对 CPU 的私化同样要求：CPU 是可信任的，CPU 以外都是不可信任的，对 CPU 的逆向工程是困难的，攻击者不能访问缓存数据。

四、基于软件的保护方法

相比基于硬件的保护技术，基于软件的保护技术在价格上具有明显的优势，但是一般正式的商业软件都使用基于硬件的保护方式，因为在安全性上和硬件相比还是相差很大。基于软件的软件保护方式一般分为：许可证服务器、注册码、应用服务器模式、许可证文件、软件老化等。

（一）注册码

软件开发商使用对称或非对称算法以及签名算法等方法，对一个唯一串（可能是软件最终用户的相关信息，例如，主机号、网卡号、硬盘序列号、计算机名称等）产生注册码。然后用户输入（可以在软件安装过程或单独的注册过程）注册码，之后被保护软件运行时进行解密，并和存储在软件中的原始串进行比较。存在问题：黑客可以使用逆向工程，分析或跟踪找到判断代码处，通过暴力破解的方法进行破解，同时密钥隐藏在程序代码中，比较容易泄漏。

（二）应用服务器模式

最终用户不需要安装代码，所有程序代码存储在受信任的服务器端。典型应用只需要使用浏览器访问服务器来使用被保护软件，最终用户不需要安装软件。游戏软件一般是用此方式进行保护。目前这种保护方式朝着瘦客户端程序和胖客户端程序两个方向进行发展。受到服务器性能、网络带宽、以及扩展性，成本等因素的影响是此种程序存在的问题。

（三）许可证服务器

主要适用于网络环境中，可以为多套被保护软件提供服务，例如一个网络许可证，可以限制并发最大用户数为 10。一个用户数在客户端被保护程序运行时被占用，退出时将释放出用户数，服务器在超过最大用户数时将禁止多余的被保护程序运行。分析或跟踪找到判断代码处，黑客可以使用逆向工程，通过暴力破解的方法进行破解，一般必须面向企业级用户，这些都是存在的问题。

（四）许可证文件

和使用注册码类似，但是许可证文件可以包含更多的信息，通常是针对用户的一些信息被保护软件在运行时，将每次检查许可证文件是否存在。文件中可以包含试用期时间，以及允许软件使用特定功能的一些信息。典型的方法是使用非对称算法的私钥对许可证文件进行签名，而公钥嵌在软件代码中。存在问题：同时黑客可以使用逆向工程，分析或跟踪找到判断代码处，通过暴力破解的方法进行破解。可以通过修改系统时钟来延长使用试用期许可证当许可证到期时，还可以重新安装操作系统，继续使用。

（五）软件老化

赖于软件的定期升级更新，每次更新都将使老版本的软件功能不能继续使用，是一种极端的软件保护方式，例如不兼容的文件格式。盗版者必须给他的用户经常升级。但经常升级造成很大的不便，如果可以自动化的进行此项工作，可以节省一部分精力。如果最终用户需要共享数据，将依赖于每个人都有最新版本的软件。这种保护方式并不适用于所有领域，例如，Microsoft word 可能工作得很好，但是如果是单用户的游戏程序将不适合。

（六）反跟踪技术

好的软件保护都要和反跟踪技术结合在一起。软件在没有反跟踪技术保护时等于直接裸露在 Cracker 面前。反跟踪即反动态跟踪。是防止 Cracker 用 SoftICE 之类的调试器动态跟踪，分析软件。当前的这类软件还有如 TRW、ICEDUMP 等。

反跟踪技术一般是具有针对性的，不能防止所有的调试器跟踪，一般针对某种调试器的反跟踪，新的破解工具一旦出现，就需要相应的反跟踪技术。这种技术一般是检测这些特定的调试器是否驻留内存，如果驻留内存就认为被跟踪，从而进行一些惩罚性措施或拒绝执行。

有一些检测方法，如假设这些调试器在内存中，软件和这些调试器通信，如果结果符合这些调试器的输出，就认为被跟踪。或者在内存中搜寻这些调试器的特征串，如果找到，就认为被跟踪。有的甚至用中断钩子、SEH（Struetural Exeeption Handle，即结构化异常处理）检测调试器。

（七）反一反汇编技术

这种方法没有通用性，它可针对专门的反汇编软件设计的"陷阱"，让反汇编器陷入死循环。一般是使用花指令。这种方法有通用性，即所有的反汇编器都可以用这种方法来抵挡。这种方法主要是利用不同的机器指令包含的字节数并不相同，有的是多字节指令，有的是单字节指令。

对于多字节指令而言，反汇编软件需要确定指令的第一个字节的起始位置，即操作码的位置，这样才能正确地反汇编这条指令，不然它就可能反汇编成另外一条指令了。并且多字节、指令长度不定，使得反汇编器在错误译码一条指令后，接下来的许多条指令都会被错误译码。所以，这种方法是很有效的。

（八）防御反编译技术

反编译的第一步是将低级指令逐条翻译成中间表示，从更高的视角来观察程序。中间表示通常只是一组通用的指令集，它们可以表示代码中的所有内容。中间表示和一般的低级指令集不同，中间表示通常有无穷多个可用的寄存器，并且可以使用表达式树作为操作数。这使得中间表示非常灵活，表达能力非常强；从像汇编语言这样的"每条指令一个操作"的代码，到一条指令包含了复杂的算术或逻辑表达式的高级语言表示。因此，有些反编译器可以有多种中间表示，例如 dcc（一个反编译器的较早的研究原型），一种用于在反编译的早期为程序提供低级表示，另一种则在反编译的后期为程序提供更高级的表示。

汇编语言与高级语言之间的主要区别是高级语言具备描述复杂表达式的能力。编译器将程序翻译成汇编语言的时候，高级语言中的一个表达式被拆散成多条汇编语言指令。因此，反编译的一个主要工作是从这些指令中重构出有意义的表达式。反编译器的中间表示能够表示各种复杂表达式，是用类似于编译器中的表示式树实现的。另外，为了从程序的低级表示中重构出高级控制流信息，反编译器必须为每个要分析的例程创建控制流图（Control Flow Graph，CFC）。CFG 是单个例程中内部流程的中间表示。使用控制流图的原因是可以很容易地将它们转化为高级语言的控制流结构，如循环和分支等。中间表示使用的指令集比处理器使用的指令集（如 IA-32）小得多，这是因为几乎每条中间表示的指令都使用的了复杂的表达式。常用的指令，如：赋值、压栈、出栈、调用、返回、分支、无条件跳转。

第二步是代码分析，即将低级的中间表示变换为更高级的中间表示（这种中间表示可以直接转换成高级语言代码）。这个过程可以视为编译器的优化过程的逆过程，这里将设法消除掉编译器所做的大部分的优化工作。这个过程包括：数据流分析、类型分析和控制流分析。数据流分析是指跟踪指令内的数据流并分析每个单独的指令对寄存器和内存的影响，建立指令间的联系。通常采用静态单一赋值（Single Static Assignment，SSA）方法，这是一种在编译器中也使用的特殊注记法，能简化数据流的分析和帮助进行某些优化和寄存器分配。类型分析目的是找出简单的和复杂的数据类型。复杂的数据类型包括结构体、数组等。控制流是将非结构化控制流图转化为高级语言构造的结构化图的过程。这个过程中，反编译器将抽象块和条件跳转转化成特定的控制流构造，这些控制流构造用来表示先测试循环和后测试循环，以及双分支条件等高级概念。反编译过程的最后一步是识别链接到可执行程序中的库代码，将它们标记出来并避免反编译它们。

一个典型的抵御反编译方法是消除符号信息法。在编译好的非字节码程序中，其可执行文件通常在导入和导出表中包含大量的内部符号信息（见编译原理相关书籍），如类名，类成员名以及实例化的全局对象名。如果一个程序使用多个动态链接库，这些库倒数大量的函数，这些函数的名字对逆向分析者很有价值。对于像 Java 和, NET 这样的语言，更是如此，多数字节码程序可以反编译后，易读程度接近于源代码。因此，通过消除符号信息，可以增加反编译的难度。使用字节码混淆器都能将所有符号的名字重命名为没有任何意义的字符串。

五、数字水印

数字水印技术用信号处理的方法在数字化的多媒体数据中嵌入隐蔽的标记，这种标记通常是不可见的，只有通过专用的检测器或阅读器才能提取。嵌入数字作品中的信息必须具有以下基本特性才能称为数字水印。

①隐蔽性：在数字作品中嵌入数字水印不会引起明显的降质，并且不易被察觉。

②隐藏位置的安全性：水印信息隐藏于数据而非文件头中，文件格式的变换不应导致水印数据的丢失。

③鲁棒性：是指在经历多种无意或有意的信号处理过程后，数字水印仍能保持完整性或仍能被准确鉴别。可能的信号处理过程包括信道噪声、滤波、数/模与模/数转换、重采样、剪切、位移、尺度变化以及有损压缩编码等。

在数字水印技术中，水印的数据量和鲁棒性构成了一对基本矛盾。从主观上讲，理想的水印算法应该既能隐藏大量数据，又可以抗各种信道噪声和信号变形。然而在实际中，这两个指标往往不能同时实现，不过这并不会影响数字水印技术的应用，因为实际应用一般只偏重其中的一个方面。如果是为了隐蔽通信，数据量显然是最重要的，由于通信方式极为隐蔽，遭遇敌方篡改攻击的可能性很小，因而对鲁棒性要求不高。但对保证数据安全来说，情况恰恰相反，各种保密的数据随时面临着被盗取和篡改的危险，所以鲁棒性是十分重要的，此时，隐藏数据量的要求居于次要地位。

数字水印（Digital Watermark）通常用于保护多媒体（如音频和视频）信息的数字版权，水印信息隐藏在多媒体文件中，不易觉察（其是否存在通常是未知的）。同时，水印是很难去除的，包含尽可能多的信息，必须是健壮的，即能够经受得住对载体信息的传输、修改、压缩等。

数字多媒体作品的版权保护是热点问题。由于数字作品的复制、修改非常容易，而且可以做到与原作完全相同，所以原创者不得不采用一些严重损害作品质量的办法来加上版权标志，而这种明显可见的标志很容易被篡改。数字水印利用数据隐藏原理使版权标志不可见或不可听，既不损害原作品，又达到了版权保护的目的。

数字水印技术可以从不同的角度进行划分。

①按特性划分：按水印的特性可以将数字水印分为鲁棒数字水印和脆弱数字水印两类。鲁棒数字水印主要用于在数字作品中标识著作权信息，如作者、作品序号等，它要求嵌入的水印能够经受各种常用的编辑处理；脆弱数字水印主要用于完整性保护，与鲁棒水印的

要求相反，脆弱水印必须对信号的改动很敏感，人们根据脆弱水印的状态就可以判断数据是否被篡改过。

②按水印所附载的媒体划分：按水印所附载的媒体，我们可以将数字水印划分为图像水印、音频水印、视频水印、文本水印以及用于三维网格模型的网格水印等。随着数字技术的发展，会有更多种类的数字媒体出现，同时也会产生相应的水印技术。

③按检测过程划分：按水印的检测过程可以将数字水印划分为明文水印和盲水印。明文水印在检测过程中需要原始数据，而盲水印的检测只需要密钥，不需要原始数据。一般来说，明文水印的鲁棒性比较强，但其应用受到存储成本的限制。

④按内容划分：按数字水印的内容可以将水印划分为有意义水印和无意义水印。有意义水印是指水印本身也是某个数字图像（如商标图像）或数字音频片段的编码；无意义水印则只对应于一个序列号。有意义水印的优势在于，如果由于受到攻击或其他原因致使解码后的水印破损，人们仍然可以通过视觉观察确认是否有水印。但对于无意义水印来说如果解码后的水印序列有若干码元错误，则只能通过统计决策来确定信号中是否含有水印。

⑤按用途划分：不同的应用需求造就了不同的水印技术。按水印的用途，我们可以将数字水印划分为票据防伪水印、版权保护水印、篡改提示水印和隐蔽标识水印。

票据防伪水印是一类比较特殊的水印，主要用于打印票据和电子票据的防伪。一般来说，伪币的制造者不可能对票据图像进行过多的修改，所以，诸如尺度变换等信号编辑操作是不用考虑的。但另一方面，人们必须考虑票据破损、图案模糊等情形，而且考虑到快速检测的要求，用于票据防伪的数字水印算法不能太复杂。

版权标识水印是目前研究最多的一类数字水印。数字作品既是商品又是知识作品，这种双重性决定了版权标识水印主要强调隐蔽性和鲁棒性，而对数据量的要求相篡改提示水印是一种脆弱水印，其目的是标识宿主信号的完整性和真实性。隐蔽标识水印的目的是将保密数据的重要标注隐藏起来，限制非法用户对保密数据的使用。

⑥按水印隐藏的位置划分：按数字水印的隐藏位置，可以将其划分为时（空）域数字水印、频域数字水印、时/频域数字水印和时间/尺度域数字水印。时（空）域数字水印是直接在信号空间上叠加水印信息，而频域数字水印、时/频域数字水印和时间/尺度域数字水印则分别是在 DCT 变换域、时/频变换域和小波变换域上隐藏水印。随着数字水印技术的发展，各种水印算法层出不穷，水印的隐藏位置也不再局限于上述4种。应该说，只要构成一种信号变换，就有可能在其变换空间上隐藏水印。

六、软件混淆

除了软件盗版，软件还可能面临以下几类攻击。

（一）逆向工程

全部或部分地对软件实施逆向工程，还原核心算法或关键数据并移植到自己的软件中，这也属于盗版行为。只要保证足够的时间和资源，对于熟练的软件工程师而言，逆向工程总是可以成功的；增加攻击难度，使攻击者在能够接受的时间和资源限制内无法成功实施攻击是抵抗逆向工程的主要措施。

（二）反编译、再编译

很多编译器都有一定程度的优化功能，而优化也可认为是一种保持语义的变换。如果对程序反编译后用其他编译器再编译，可能会破坏嵌入的水印。

（三）模式匹配

当攻击者无法精确分析程序的行为时，可能会用最接近的结果与程序中的调用、函数或执行结果相匹配，如果不会引起程序在可见行为上的明显改变时，就可实进一步的攻击。

针对逆向工程攻击，软件所有者可通过迷乱变换技术增加软件的复杂度从而使逆向工程更加困难。软件迷乱技术是对程序中的数据、代码或控制流等实施保持语义的变换，得到与原程序功能等价、形式更为复杂的程序。

软件迷乱技术在软件水印的构造方面也有所作为。利用控制流迷乱变换构造不透明分支，将水印代码嵌入在虚构的不透明分支下，形成动态数据结构水印；也可将水印嵌入在多个虚构的不透明分支的执行序列中，形成动态执行路径水印。

软件迷乱技术在软件水印保护方面的作用是双向的，在无法准确定位水印的情况下，攻击者可对整个程序实施保持语义的迷乱变换攻击，导致水印无法提取或提取的水印不具版权保护价值；而软件所有者又可利用迷乱变换技术增加程序的复杂度，使反编译、再编译攻击难以实施，从而保护嵌入的水印信息。目前较为常见的是科尔贝丽等提出的通过构造不透明分支实现控制流迷乱变换的方案。

该方案具有以下优势。

①以多种方式构造不透明分支，额外开销小。

②与程序正常的分支结构类似，隐蔽性好。

③分支结构是程序唯一性的体现，修改分支结构而保持程序的语义是不容易的，故具有较强的鲁棒性。

七、软件防篡改

软件盗版的技术手段是利用软件水印隐藏版权信息，当发生版权纠纷时能够向权威的仲裁机构提供证据以证明版权；防逆向工程的技术手段是对程序实施保持语义的迷乱变换，增加逆向工程难度的同时也增强软件水印的鲁棒性，使水印难以被移去从而增强水印的版权证明能力。除此之外，破坏水印功能、获取敏感信息以及实施病毒攻击的恶意篡改也是软件面临的威胁之一。针对此类攻击，软件防篡改技术的基本思想是以下几点。

①增加软件或水印被篡改的难度。

②一旦被篡改能够即时感知并终止程序的运行，使盗版行为难以为继。

③确认发生篡改则启动纠错方案提取水印，确保水印的版权证明能力。

八、软件加壳

壳是软件中专门负责保护软件不被非法修改或反编译的程序，先于原程序运行并拿到控制权，进行一定处理后再将控制权转交给原程序，实现软件保护的任务。加壳后的程序能够防范静态分析和增加动态分析的难度。根据软件加壳的目的和作用，可分为以下两类。

（一）压缩保护壳

这种壳以减小软件体积为目的，在对原程序的加密保护上并没有做过多的处理，例如 ASPacK、UPX 和 PECompact 等。

（二）加密保护壳

这种壳以保护软件为目的，软件体积不是首要的考虑因素。根据用户输入的密码用相应的算法对原程序进行加密，如果破解者强行更改密码检测指令，因加密代码并未被解密还原将导致程序的错误执行。例如，ASProtect、Armadillo、EXECryptor 等。随着加壳技术的发展，很多加壳软件在具有较强的压缩性能的同时，也有了较强的软件保护性能。防止软件被脱壳非常关键，可利用反跟踪技术防止加壳软件被调试和被分析。加壳时对原程序中的关键代码进行替换与加密，替换中会生成相应的解密代码并插入程序中；原程序运行时在堆中分段解码，代码在堆中执行后会跳转到被解码的程序处再执行，内存中没有原程序的完整代码样就增加了代码还原的难度。

九、密码处理器

对加密代码的解密操作通常在 CPU 处理，这样解密的密钥和解密后的代码不可能隐藏，故在用户端计算机里配置专用的解密硬件，这种硬件包含隐藏的、无法或者很难获取的密钥。软件供应商发布加密的软件，用户通过内置的硬件进行。这种硬件就是密码处理器（crypto-processor），可以实时对加密的运行代码进行解密。密码处理器保护程序的步骤如下：

①每个独立的处理器分配到一对密钥和一个序列号。由可信的授权机构（如处理器制造商）维护公钥和序列号关联数据库。

②用户购买程序时，软件开发商询问用户的处理器序列号，然后联系授权机构获得该序列号的公钥。

③用公钥加密程序的二进制代码，销售给用户。

④用户运行加密的程序，密码处理器领域内部存储的解密私钥给代码解密，并将解密后的代码存储在软件不能访问的内存区域。

⑤从不可访问的内存里直接运行代码。

这种基于硬件解密的保护方法的隐患是可能遭受能量分析攻击,即通过分析硬件的能量消耗猜测运算的次数,从而估计出密钥。

十、可信计算

可信计算(Trusted Computing,TC)是一项由可信计算组织推动和开发的技术。这个术语来源于可信系统,并且有其特定含义。从技术角度来讲,"可信的"未必意味着对用户而言是"值得信赖的"。确切而言,它意味着可以充分相信其行为会更全面地遵循设计,而执行设计者和软件编写者所禁止的行为的概率很低。

可信计算通过软硬件结合提供安全的计算,包含密码处理引擎芯片用于维护系统专用的密钥对,私钥隐藏在密码处理引擎中,公钥是公开可得的,供应商使用用户系统的公钥加密,只有用户系统才能解密。这一点类似基于硬件的软件复制保护技术,如加密狗,若解密后的代码写进主系统内存里,则可能被泄密,因为内存是容易受到攻击的地方。可信计算中的可信平台提供受保护的分区,在受保护的分区中程序可以安全地运行,其他程序无法访问到它的代码和数据。如 Intel 公司的可信 CPU,利用 LeGrande Technology 在两个进程间实现内存访问限制;Microsoft 的下一代安全计算平台(Next Generation Secure Computing Base,NGSCB),与 NGSCB 支持硬件相配合,未来的操作系统支持 Nexus 执行模式,即系统支持受保护内存,它是物理内存的一个特殊区域,只有特定的进程才能访问该内存。

第二节 软件保护中的计算机保护

一、计算保护的任务

对于一个软件而言,并不是所有的代码和数据都是隐私,人们可能只对保护其中的关键数据和算法感兴趣。因此,只要保护软件中的部分关键数据和算法即可,如对某个计算函数进行加密,使攻击者无法了解函数的内部逻辑,就是一种计算保护。计算保护是一种保护程序中的算法能被正确无误地执行并不被轻易分析出来的软件保护技术,分为计算完整性保护和计算机密性保护,前者主要保障算法能被正确无误地执行而不被篡改,后者主要防止攻击者逆向分析得到算法。

(一)计算机密性保护

机密性攻击是指资源和私密信息被非法存取和操纵,它包括窃听、窃取和逆向工程三个子类。窃听是指主机为了自己的利益，暗中监视程序并收集其中的信息，但不修改程序。窃取是指恶意主机不但暗中监视程序，还移走程序的信息，甚至"偷"程序为己用。逆向工程是指恶意主机捕获程序，为了操控程序，分析它的数据、状态和代码，构造相似的程序。

机密性保护是指对程序逻辑和携带的秘密信息的保护，保护程序免受窃听、窃取和逆向工程，防止入侵者针对程序的内容，包括可执行代码、数据，以及状态进行分析代理以得到决策逻辑信息、途中的信息以及执行流信息。

对计算机密性攻击的形式有程序理解和黑盒测试：程序理解，为了获得利益，恶意主机会去理解程序的数据和逻辑。黑盒测试，通过指定输入并观察输出的结果来进行攻击。

相应的解决方案：可信的执行环境；加密；环境密钥生成；防篡改硬件；滑动加密；时间敏感代理；针对程序理解用加密函数计算和代码混淆的方法

（二）计算完整性保护

完整性攻击是指对代码、状态和数据被非授权篡改，可能是出于恶意的动机或意外。它包括完整性干扰和信息篡改两个子类。完整性干扰是指执行主机干扰程序执行任务但不修改程序的任何信息。如主机对程序的不完全执行和任意执行，或把程序传输到不在巡回路径上的主机。信息篡改是指对程序的代码、数据、控制流和状态进行非授权的修改、破坏、操纵、删除、误译或不正确的执行，另一个例子是干预并修改程序间的通信。

完整性保护是指保护程序避免非授权的修改，保护方案应该拥有防止程序相关信息或通信被修改以及一旦任何修改发生后进行检测的机制。它包括程序的静态信息、动态执行、输入输出的完整性。相应的解决方案：防篡改硬件、可信的执行环境、检测对象、巡回路径记录、匿名巡回、参考状态、通知发起者、加密踪迹、加密、环境密钥生成、部分结果封装和验证、数字签名、动态软件水印、加密函数计算等方法。

代码静态信息的完整性应用目前的密码学技术很容易实现，如数字签名。但程序的动态完整性即执行完整性是很难解决的。可信的执行环境实际上限制了代码的移动性，参考状态易被删除。加密踪迹的验证和通信开销较大。要在开放的网络环境进行分布式应用，设计一个不易被删除、实现和验证简单、通信开销低、不限制移动性和自治性的执行完整性检测算法是目前研究的一个方向和难点，也是重点。

二、计算机网络安全的威胁因素

计算机网络在国民生活中发挥着不可替代的作用，但随着网络数据传输的加大，给计算机网络安全埋下了隐患。比如网民在浏览网页过程中，往往会有误点网络广告的情况发生，也因此导致恶意程序入侵计算机系统，通过植入木马病毒。破坏计算机系统数据库，从而威胁着网民的身份信息或购物、银行密码。但具体来讲，影响着计算机网络的因素主要有计算机病毒、计算机存在漏洞、非法入侵以及网络服务器数据泄露等。首先从计算机病毒进行分析，计算机病毒由一段程序或代码构成，是一种较为常见的攻击数据的手段。

通常会隐藏在网络文件上,通过不断地复制达到传播的目的。至于漏洞,当前的计算机在技术上已有显著的突破,可以实现多用户使用,也可同时进行多个进程。

然而如果当同一台计算机进行多进程工作时,不同的进程在运行的过程中都可能成为数据传输的目标。从而导致网络漏洞的出现。极大限度地增加了遭受远程攻击的风险。而在服务器安全方面,服务器本身存在着大量的缺陷,由于技术限制,相关工作人员很难及时对服务器的缺陷进行修复,因而导致不法分子不断对服务器进行攻击,并窃取存储在服务器内的网民信息,从而威胁着网民的计算机安全。最后是非法入侵,非法入侵者通过获取口令及用户名信息的方式,解析数据包,进而窃取计算机用户的数据信息。

三、计算保护技术

(一)数据加密技术路径

1. 链路加密

数据在传输过程中会通过多台节点机(也称为链路),最终到达接受方计算机内,通过接受方的机密,完成数据的传递过程。然而在数据传输过程中,存在着被攻击的情绪,严重威胁着数据的安全。而链路加密技术能够有效解决数据安全的问题,更在密钥的管理上、速度上得到极大的提升。在链路机密技术中,数据会在传输前被加密一次,然而进行传输,不过,传输的终端并不是接收方计算机,而是链路上的节点机。数据会进入节点机后,进行一次解密,并在下次传输前,进行重新加密,这个过程不断重复,直到数据被传送到接收方计算机内。

由于每个节点机加密的算法及密钥不同,数据在传输过程中会经过不同的密钥加密,从而保障数据在链路上传输的安全性。在实际的应用过程中,链路加密通常被用于多区段的计算机中,并能实现对数据信息的分类及处理,实现了数据加密的自动化及功能化。即便在数据传输、加密解密过程中遭受病毒攻击,链路加密依旧能利用模糊性功能,保护数据的安全。此外,在一个节点机的传输过程中,链路加密能够使数据呈现出较大差异化,从而扰乱攻击者的判断,最终保护了数据信息的安全。

2. 节点加密

与链路加密相似,节点机密技术在加密过程中,不断对机密数据进行加密与解密。但与链路加密不同,节点加密是在链路机上添加密码设备,加密过程中也是密码的设置过程,从而使数据的进行双重加密。另外,在加密过程中,节点加密禁止消息以明文的形式出现在节点上,从而实现数据传输的隐蔽性。

在节点加密技术实际应用过程中,需要以同步线路作为基础,在设备同步的基础上,通过异步的点到点方式,实现节点两端加密。因此,节点解密对网络管理提出较高的要求。但为有效阻止攻击者对数据进行分析及窃取,节点加密通常会将报头、路由信息以明文的形式传递,提高了节点对接收信息的加密处理的能力。因此,节点加密在加密过程中具有更全面的加密优势,除了对数据信息进行加密外,同时也对报头及路由器的信息进行加密,从而是加密过程及传输过程更加安全。在极为重要的数据迅速传输过程中,节点加密能起到全面加密的作用。例如在军事领域、民航领域,以及其他机密行业。

3. 端到端加密

端到端 imitate 技术即数据在传递过程中,始终处于加密状态。也就是说在端到端加密过程中,数据不会像链路加密与节点加密在传输过程中不断对数据进行解密及加密,而是一直处于保护状态。因此,虽然端到端加密也会经过链路或节点机,但不会收到链路或节点机的影响,即便链路出现损害,数据依旧能保持安全状态,继续向终点传输,并不会造成消息的泄露。

因此,端到端加密的机构设计较为简单,造价成本也更低廉,更易实现维护及修理。此外,由于端到端加密机构的特点,避免出现其他加密技术共有的同步化问题,即便有报文包出现错误,也不会对后续报文包产生影响。但端对端加密不能对数据传输的终点进行加密,因此对于攻击着攻击通信业务的作用,稍显薄弱。

(二)防篡改硬件

基于防篡改硬件的方法目前主要有 TPE,Secure CoProcessor,Smartcard 等研究。

Wilhelm(威廉)提出了应用一个防篡改的硬件环境(Tamper-proof Enviroment)的方法。这种环境具有防篡改功能,安装它的主机不能窥探和篡改在该环境中运行的移动代理。这种环境拥有自己的公钥,私钥和数字证书中心,用于加密通信、将移动代理在各主机的防篡改硬件之间迁移。一般由有声望的第三方生产这种防篡改的硬件环境。但这种方法的问题在于以下几点。

①没有提出实际的构建防篡改硬件环境的方案。

②防篡改硬件制造的成本。

③第三方生产商的监督和控制。

④防篡改硬件的功能无法扩缩。

Yee(伊)提出了具体的防篡改硬件环境的构建方案。它的方案是一块防篡改的板卡,板卡整体被一物理材料层所包裹,该材料层中含有密集的感应电路以检测对该物理层的破坏和入侵,一旦发现此类行为,感应电路会立刻启动相应动作擦除甚至销毁存储体的所有内容;板卡配置有 CPU,启动 ROM,永久性存储体,DES 加密芯片和长命电池。板卡拥有一对公钥、私钥,利用非对称加密方法传送加密通讯的对称秘钥,然后用该密钥对称加密通信。

随之提出了应用一种现成的防篡改硬件即智能卡的方法。具体采用的是支持 SUN 公司 Java card 技术的智能卡。这种方法解决了防篡改硬件的构建问题,而且生产成本很低;但是引入了一个新的问题:由于智能卡的系统资源有限,例如内存是 64K,如何实现一个在如此有限的资源之上的移动代理系统。

(三) 环境密钥生成

罗丹和施奈尔提出了许多生成用于代理静态部分的加密和解密的密钥的方法为了有条件地隐藏静态部分,除非主机得到许可否则将不暴露加密部分。解密密钥是基于时间、空间或操作因子的。例如,代理请求与数据库里匹配的一字符串,如果字符串匹配则生成解密密钥。代理为一特别的关键字轮询新闻组,部分代码将解密以便主机执行。环境因子决定加密部分什么时候以及是否暴露给主机。密钥在置信第三方帮助下在特定时间之前或之后有效。前者称为向前时间构造,后者称为向后时间构造。它们也可以嵌套以确保密钥在特定时间段内有效。通过使用面有用的密钥,代理私有部分有条件地隐藏和暴露。然而加密的代理偏向于代理的安全,如果当加密的代理事实上是个被控制的病毒时,主机也许会发生危险。此外,该方案存在边际效应,例如代理到第三方的显式通信将消耗网络和计算资源。

(四) 黑箱安全

Hohl(霍尔)提出的时间受限黑箱安全是保护移动代理不受窃听的一种方法。基于源代码的混淆,它假设存在一个最容易理解移动代理源码的心智模型。如果破坏了该模型,入侵者将需要更多的时间来理解,于是取得了保密的效果,为破坏该模型,该方法以特殊的方式混乱代码,使得没有人能够对完整地理解它的功能。在转化后,变得更加难以解码和分析。它也建议在代理里放置时间因子,使其变成时间受限。这意味着代理携带的计算只在一定时期内有效。如果入侵者不能在该时间间隔内理解黑箱,攻击就宣告无效。可以看出,这是提供保密性的一种软方法。然而这种方法并不十分完善,因为应用在代理上的混淆无法自动化并且安全性无法证实和度量。此外,时间受限需要主机遵循同步时钟。

四、代码混淆

代码混淆主要有布局混淆,控制流混淆,预防混淆等。

(一) 布局混淆

布局混淆主要是将应用程序中那些无关紧要的信息进行删除或者是对程序中的类名、方法名等进行替换。对于那些被删除的信息,虽然它们对程序的运行不会起到任何作用,但是它们可以帮助人们去理解程序,对于攻击者来说是非常有用的,他们可以根据这些信息对程序进行调试和分析,从而修改数据或者破坏程序。

一般来说,删除这些与程序执行无关的信息之后,程序的大小可以减少,可以提高程序的执行效率。而对程序中的变量或者类进行方法替换也是为了增加程序的复杂性和理解程度,防止攻击者破坏系统。由于布局混淆只是简单的对程序中的信息进行删除或者是对变量、类名等做替换，所以它的安全性不高，抵抗攻击的能力比较差，但是该算法实现起来非常容易，也不会给程序带来多余的开销，所以该算法还是很受人们的青睐，并得到了广泛的应用。

（二）控制流混淆

控制流混淆主要是建立程序的流程图。一般都是从一个基本块开始着手。基本块包含了很多指令。它的执行顺序一般是从第一条开始执行，最后一条指令是一个条跳转指令。只要条件得到满足，通过这条跳转指令，基本块之间可以进行互相跳转。控制流程图主要是由节点和有向边组成的。一个节点代表一个基本块，有向边代表了基本块之间的关系。通过控制流程图，人们可以更好地理解系统的总体架构，从而可以对系统进行进一步的更改。对于控制流混淆的攻击，攻击者主要是通过分析程度控制指令，根据分析结果去寻找程序中最为敏感的数据，然后对它们进行修改，破坏程序的完整性。

（三）预防混淆

预防混淆主要是针对目前存在的一些反编译软件进行预防。它主要是对反编译软件的漏洞或者是它们自身带有的缺陷进行分析，然后设计出方案进行预防。

在经典数据安全里，只要两个终端参与者被确认为是可信任的就可以暴露任何东西。在程序安全里，并不存在双向端到端信任关系假设。人们希望程序在远程主机执行，然而却不希望主机知道程序的任何重要东西，特别是非静态部分。

时间受限黑箱安全简单地混乱程序，使用加密函数计算（CEF）的方法把原来的程序转换为可执行的加密程序，意图收缩和扩展则通过混淆意图谱来达到隐藏程序意图的目的。这些方案都适用于代理的非静态部分，但它们在不同方面均有自己的限制。